浑河流域森林生态补偿机制研究

蒋毓琪　陈珂　著

中国财经出版传媒集团
中国财政经济出版社

图书在版编目（CIP）数据

浑河流域森林生态补偿机制研究／蒋毓琪，陈珂著．—北京：中国财政经济出版社，2018.12

ISBN 978－7－5095－8621－1

Ⅰ．①浑…　Ⅱ．①蒋…　②陈…　Ⅲ．①浑河－流域－集体林－生态环境－补偿机制－研究　Ⅳ．①S718.57

中国版本图书馆 CIP 数据核字（2018）第 246762 号

责任编辑：李昊民　刘孺泾　　　　责任印制：张　健

封面设计：秦聪聪　　　　　　　　责任校对：黄亚青

中国财政经济出版社 出版

URL：http：//www.cfeph.cn

E－mail：cfeph@cfeph.cn

社址：北京市海淀区阜成路甲 28 号　邮政编码：100142

营销中心电话：010－88191537　北京财经书店电话：64033436　84041336

北京财经印刷厂印装　各地新华书店经销

787×1092 毫米　16 开　12.25 印张　168 000 字

2018 年 12 月第 1 版　2018 年 12 月北京第 1 次印刷

定价：50.00 元

ISBN 978－7－5095－8621－1

（图书出现印装问题，本社负责调换）

本社质量投诉电话：010－88190744

打击盗版举报热线：010－88191661、QQ：2242791300

目录

第 1 章

绪　论

1.1 研究背景和研究意义

1.1.1 研究背景

生态文明是以生态环境为载体对人类文明形态的诠释，支撑着人类社会经济发展，关系着人类福祉。工业化与城市化进程加快推进，导致环境污染严重、资源高度损耗与生态系统退化等严峻形势加剧。为了促进人与自然和谐发展，2007 年党的十七大报告中首次明确提出建设生态文明的目标，将生态文明建设放在突出地位。2012 年党的十八大将生态文明与政治、经济、文化、社会文明建设并列，以“五位一体”总体布局凸显五个领域的建设协同推进，强调经济建设必须与生态环境保护协调一致，意味着可持续发展被提升到绿色发展的战略高度。2017 年党的十九大报告将社会主义现代化奋斗目标在“富强民主文明和谐”的基础上，增加了“美丽”，折射出生态文明建设被提上前所未有的重要位置，体现出经济、政治、文化、社会、生态文明建设“五位一体”总体布局与现代化建设目标有了更好的对接，为践行人与自然和谐共生、建设美丽中国的发展理念指明了方向。

生态补偿作为一项加强生态文明建设的重要举措，多次在政府报告与政策法规中提到。2000 年 11 月，国务院颁布了《全国生态环境保护纲要》，明确了生态环境保护的指导思想、基本原则、主要内容与具体目标，要求中央与地方政府编制生态功能区划，建立经济社会发展与生态环境保护综合决策机制（田民利，2013）。2005 年，国务院发布了《关于落实科学发展观加强环境保护的决定》，提出建立生态补偿机制，中央与地方因根据补偿因素进行财政转移支付，用以完善补偿政策。此外，中央与地方分别开展生态补偿试点。同年，《中共中央关于制定国民经济和社会发展第十一个五年规划的建议》指出，生态环境保护的重心由事后治理转变为事前保护，从源头上遏制生态环境恶化，按照“谁开发谁保护、谁受益谁补偿”的原则进行生态补偿。2008 年，财政部制定了国家重点生态功能区转移支付办法，通过提高财政转移支付资金的补偿系数，加大生态补偿支付力度。2009 年，财政部、林业局出台了《中央财政森林生态效益补偿基金管理办法》，指出生态补偿在森林领域率先开展。2010 年，国务院将研究制定生态补偿条例列入立法计划。2011 年 3 月，“十二五”规划纲要对生态补偿机制的建立及相关问题作了重点阐述，纲要着重强调设立国家生态补偿专项资金。2011 年 6 月，《全国主体功能区规划》正式发布，为生态补偿机制的建立提供了制度基础。2012 年，党的十八大报告中提到，建立反映资源稀缺程度的市场供求关系、体现资源代际有偿使用的生态补偿制度。2013 年 4 月，十二届全国人大常委会第二次会议上徐绍史作《关于生态补偿机制建设工作情况的报告》，报告提出生态补偿要与权责相结合，界定生态受益者与保护者的权责利。同时还指出生态补偿存在的问题：补偿范围偏窄、补偿标准偏低、补偿资金来源渠道和补偿方式单一、补偿资金支付和管理办法不完善等。2017 年，党的十九大报告中提到，加大生态系统保护力度，建立市场化、多元化生态补偿机制。总之，2005 年以来，国务院每年将生态补偿作为重要议题和工作要点，为不断积极探索、完善生态补偿机制提供了智力支持。

流域生态环境作为生态系统的重要组成部分，其相对脆弱的水资源生态环境承受着巨大压力。流域上游地区在保持水土流失、涵养水源等保护生态环境方面的好坏对下游生态环境会造成直接影响，不仅表现在生态方面，还表现在经济方面。流域下游往往经济发达，多年一直无偿或低偿占有流域上游地区溢出的生态效益。这种生态保护与经济利益关系的不公平性，给我国流域的生态环境保护带来了很大困难。流域是一个空间整体性强和区际关联度高的经济地域系统，其水资源生态环境作为具有“非竞争性”“非排他性”特点的公共物品，会引发流域内上游、下游地区间以森林资源与水资源的保护和享用为核心的利益分配失衡，上游、下游发展的公平性问题和环境与发展的协调问题进一步突显（顾家俊，2017）。2015 年 9 月 21 日，中共中央、国务院发布《生态文明体制改革总体方案》中第三十二条指出，鼓励各地区开展跨地区生态补偿及流域生态补偿试点的同时，积极探索流域横向生态补偿实践，实现补偿模式多元化，这为流域生态补偿指明了方向。2017 年党的十九大明确提出，为了满足人民日益增长的优美生态环境需要，建立市场化、多元化生态补偿机制。针对流域生态环境这种公共产品，流域生态补偿作为一种创新的环境保护制度，将成为矫正流域内区域间利益分享机制、协调区域间损益关系，使利益相关者利用、保护和改善生态系统服务的行为外部效应内部化的有效手段。

浑河作为辽河支流，在我国流域重点防治对象（三河三湖）中具有鲜明的代表性，是流域尺度适中的跨市级行政区域的主干河流之一，浑河流域正在开展流域生态补偿的试点工作，为浑河流域生态补偿机制的研究提供了研究基础和条件。

1.1.2　研究意义

从理论上看，我国流域生态补偿研究尚处于初级阶段，而流域森林生态补偿机制研究是核心问题之一。从我国主要流域内不同区域呈现的特点来看，上游地区加强生态环境建设与保护，下游地区加快经济发展。本书以浑河流域为研究对象，试图构建"补偿主体的利益相关者分析（是什么）、流域森林生态服务功能价值测算（补什么）、流域上游森林生态服务价值对下游水资源的影响（为什么补）、补偿标准确定（补多少）、补偿方式（如何补）的选择"的分析框架，对今后我国流域森林生态补偿机制研究具有重要的理论意义。

从实践上看，浑河源于辽宁省抚顺市清原县，从东北向西南分别流经沈阳、辽阳、鞍山等中部城市群。抚顺市清原、新宾和抚顺三县作为浑河流域上游地区，加大森林生态建设与保护投入，森林覆盖率高达 67%，在为下游地区经济社会发展提供保障的同时，自身发展权利受限。为此，政府通过纵向财政转移支付形式对上游地区进行补偿。目前，现行的流域森林生态林补偿资金主要来源于政府财政转移支付，补偿资金有限、补偿标准低、补偿范围小以及补偿方式单一等问题依然存在。较低的补偿标准会使上游的经济利益遭受损失，只有通过拓宽补偿渠道、丰富补偿主体以及完善补偿机制等途径提高补偿标准。所以流域横向生态补偿作为一种新的补偿方式，不仅可以推动流域水源地森林生态环境的保护与建设，而且能够促进流域内上下游间跨区域协调发展。

1.2 研究目标和研究内容

1.2.1 研究目标

本书以浑河流域森林资源为研究对象，首先，明晰“是什么”，采用演化博弈的方法分析浑河流域利益主体；其次，测算流域上游向下游空间流转的森林生态服务价值，即“补什么”；第三，上游向下游地区空间流转的森林生态服务价值，即“为什么补”；第四，通过受偿意愿值和补偿意愿值，测算“补多少”与确定“怎么补”，估算补偿标准并确定补偿方式；最后，建立补偿体系。具体目标如下：

(1) 构建演化博弈模型，揭示浑河流域下游对上游补偿的内在逻辑关系。

(2) 测算浑河流域上游向下游空间流转的森林生态服务价值，为确定流域森林生态补偿标准提供依据。

(3) 探究浑河流域上游森林资源对下游水资源的影响。

(4) 分别测算浑河流域上游林农最低受偿意愿值（WTA）和下游居民最大支付意愿值（WTP），构建计量经济学模型，并对其影响因素进行验证。

(5) 测算补偿标准与明确补偿方式。

1.2.2 研究内容

第1章导论，主要介绍研究背景、研究意义、研究目标、研究内容、研究方法、概念界定、分析框架、技术路线、研究创新与不足，书中相关概念进行界定。

第2章理论基础与文献综述，主要对流域生态环境理论、流域生态补偿经济学理论和流域生态补偿博弈理论等相关理论加以回顾，并对国内外文献进行综述。

第3章研究区域概况与数据来源，本章对研究区域概况进行总结，划分浑河流域上下游范围界限，为明确补偿主体和客体提供依据；资料数据和实地调查数据为浑河流域森林生态补偿实证分析提供了有力的数据支撑。

第4章浑河流域森林生态补偿的利益相关者博弈分析，本章主要讨论与分析浑河流域上下游利益主体关于生态补偿的逻辑理论关系，通过构建引入约束机制后的流域森林生态补偿演化博弈模型，揭示浑河流域森林生态补偿的内在机理。

第5章浑河流域上游森林生态系统服务空间流转价值测算，本章通过界定流域森林生态服务功能流转类型，分别测算浑河流域上游与下游各地区的森林生态服务价值以及上游向下游地区空间流转的森林生态服务价值，为测算流域森林生态补偿标准提供依据。

第6章浑河流域上游森林生态服务空间流转价值对水资源的影响——以沈阳市为例，本章在测算浑河流域上游向下游空间流转的森林生态服务价值的基础上，以沈阳城市段为例，利用通径分析方法，通过相关分析与偏相关分析，阐明流域上游森林生态服务空间流转价值与沈阳城市段水资源的关系，进一步推断流域上游森林资源对下游水资源有重要影响。

第7章浑河流域上游林农森林生态受偿意愿分析，本章首先对浑河流域上游林农的个体特征和其对上游森林生态环境保护以及重要性的认知与对森林生态补偿标准的态度等进行描述性统计分析，然后测算流域上游清原、新宾与抚顺三县林农的平均受偿意愿，通过实证对林农受偿意愿的影响因素进行检验与分析，最后利用分位数回归模型进一步分析其受偿意愿的差异性。

第8章浑河流域下游居民森林生态补偿意愿分析，本章主要在已有补偿方式的基础上，试图尝试通过提升流域下游抚顺市与沈阳市居民生活用水的基础水价作为补偿方式，从外部环境、居民个体特征、居民对水资源现状的满意程度与居民认知四个方面，运用参与者智力决策模型与IAD延伸模型，探究其对此补偿方式的接受意愿，并利用ELES模型进一步探析居民对基础水价提升幅度的承受能力，即补偿金额，并确定其承受范围；对于测算下游其他地区居民，采用 WTP 测算其流域森林生态补偿意愿的支付水平，分析其影响因素。

第 9 章浑河流域森林生态补偿标准测算与补偿资金分配额度，本章基于上游林农受偿意愿与下游居民补偿意愿确定补偿资金额度，也被视为补偿标准；按照流域面积、流域上游水源地森林面积与流域上游向下游空间流转的森林生态服务价值三个因素作为重要衡量指标进行加权平均，测算下游各地区的贡献系数，分配补偿资金。

第 10 章结论、政策建议与展望，本章主要总结文中得到的研究结论，提出具有针对性的政策建议，并指出今后的研究方向。

1.3　概念界定

为了使书中涉及的主要概念及含义更加明确，在此对几个概念加以界定：

1.3.1　流域森林生态补偿机制

2015 年，中共中央、国务院发布《生态文明体制改革总体方案》中第三十二条指出，积极探索横向生态补偿办法，以地方补偿为主，建立多元化补偿机制，鼓励各地区开展跨地区生态补偿并在长江流域进行流域生态补偿试点。综合大多数学者的观点，生态补偿机制作为一种制度安排，是以保护生态环境、促进人与自然和谐为目的，根据生态系统服务价值、生态保护成本、发展机会成本，综合运用行政和市场手段，调整生态环境保护和建设相关各方之间利益关系的公共环境经济政策，体现生态责任和生态利益分配正义，是调节社会公平、实现人与自然和谐相处的重要途径。森林生态补偿机制是指森林生态受益人在合法利用森林资源的过程中，对森林资源产权人或对生态保护付出代价者支付相应费用，其目的在于支持和鼓励生态脆弱地区更多承担保护生态而非经济发展的责任。流域生态补偿机制是以实现社会公正为目的，给予流域生态环境保护而丧失发展机会的居民在资金、技术和实物上的补偿及政策上优惠的政策。生态补偿、森林生态补偿与流域生态补偿的共同本质是“受益者向受损者支付补偿费用”，通过生态环境监测考核，依据考核情况实施激励与惩罚。本书将流域森林生态补偿机制定义为通过一定的政策手段使流域森林生态保护外部成本内部化，流域上游地区保护森林资源、建设生态环境，原有的部分森林资源被划为公益林，主要发挥着涵养水源（净化水质、调节水量）与保持水土的作用，为下游提供生态服务，自身发展权利受限。政府财政转移支付的补偿资金有限，为了协调流域森林资源享有者与受益者的利益配置不均，按照“谁受益，谁补偿”的原则，流域下游作为受益地区应该为上游提供经济补偿，通过建立激励与惩罚，借助补偿弥补这种权利的失衡。

1.3.2 流域森林生态空间流转服务功能

森林资源具有气候调节、气体调节、水文调节、涵养水源、保持水土、固碳释氧、净化空气、养分循环、维持生物多样性、森林游憩与林木、林副产品等生态服务功能，在国内外学者对生态服务功能流转类型界定的基础上，不同服务功能的流转范围、影响因素与流转特征存在差异，其中大气调节、气候调节、水调节、涵养水源、保持水土、养分循环等服务功能发生空间转移。流域森林资源作为生态服务功能间转移的载体，只有其涵养水源（净化水质、调节水量）与保持水土两项功能不仅发生转移，且具有随着区域间空间距离增大而递减的特征，因此，本书浑河流域森林生态空间流转的服务功能指涵养水源（净化水质、调节水量）与保持水土。

1.3.3 补偿客体

流域上游地区为了保护水源地生态环境而自身发展受限，水源地作为经济发展欠发达地区应该被视为补偿对象得到补偿，即补偿客体，主要包括水源地生态环境保护者、水源地搬迁企业和因水源地企业搬迁而税收减少的当地政府。2008 年，辽宁省政府制定了《关于对东部生态重点区域实施财政补偿政策》，支持清原县、新宾县和抚顺县等东部生态重点区域生态环境与水源涵养基地建设，流域上游地区为了保护水源地生态环境，原有部分或全部森林资源被划为公益林的林农和水源地周边所有搬迁的企业发展受限，企业搬迁导致当地政府财政收入减少。省政府直接通过财政拨款对搬迁企业支付补偿资金，林农得到 15 元/亩的公益林补偿金，补偿标准太低，很难弥补林农经济损失。研究受客观条件的限制，对政府调研很难实现，而且当地政府作为调查对象，样本量非常小，因此，本书的受偿客体仅仅指浑河流域上游林农。

1.3.4 补偿主体

流域下游地区直接享有上游提供涵养水源（净化水质、调节水量）与保持水土的森林生态服务价值，即外溢价值，作为受益者应该进行补偿，即补偿主体，主要包括下游居民、企业与政府。下游居民生活用水、享有的生活环境与流域水资源生态环境息息相关，其对水资源供给量与水质十分重视。下游大部分企业进行工业生产，工业用水为Ⅳ类，其水质要求低于居民生活用水（饮用水）Ⅲ类，企业对水质要求不高，由于受客观条件的限制，对企业和政府调研很难实现。因此，本书的补偿主体仅指浑河流域下游居民。其中，抚顺市区和沈阳城市段的农户生活所需水源来自地下水，城市居民家庭生活用水来自浑河流域上游大伙房水库提供的水源，其补偿主体是指城市居民；辽中县、辽阳县、灯塔市、海城市和台安县的居民均享有浑河流域上游提供的生态服务，其补偿主体是指城市居民和农户。

1.3.5 林农

根据已有文献，林农是指参与工业私有林生产经营或非工业私有林生产经营中获得收入的农民（肖平和张敏新，1995）。本书的林农是指居住在浑河流域上游水源保护区，收入主要来源于林业生产经营，且拥有的部分或全部森林资源被划为公益林的农户。

1.4　研究方法

在实证分析过程中，本研究主要采用理论分析法、统计分析法、数量模型分析法与计量模型分析法。每个章节采用的研究方法如下：

1.4.1　研究浑河流域森林生态补偿利益相关者博弈分析的方法：理论分析法和数量模型分析法

运用利益相关者理论对浑河流域上下游利益主体进行理论分析，通过构建引入约束机制后的流域森林生态补偿演化博弈模型，揭示浑河流域森林生态补偿的内在机理。

1.4.2　测算浑河流域上游向下游空间流转的森林生态服务价值的方法：理论分析法和数量模型分析法

首先对流域森林生态服务功能流转类型进行界定，结合浑河流域森林资源现状，依据不同森林类型单位面积生态服务价值与森林资源面积，得到浑河流域上下游森林生态服务总价值，利用断裂点公式，计算出上游地区生态服务价值的流转半径，通过利用 ArcGIS 9.3 软件的 Buffer 与 Intersect 工具，确定上游分别对下游各地区的流转面积，最后测算出浑河流域上游向下游各地区空间流转的森林生态服务价值。

1.4.3　以沈阳市城市段为例，研究浑河流域上游森林生态服务对下游水资源影响的方法：数量模型分析法

在测算浑河流域上游向沈阳城市段空间流转的森林生态服务价值的基础上，利用通径分析法，构建森林资源对水资源影响模型，通过相关分析与偏相

关分析，依据直接通径系数、间接通径系数以及决策系数，判定上游森林生态服务空间流转价值对沈阳城市段水资源的直接影响、间接影响以及综合影响。

1.4.4 研究浑河流域上游林农森林生态受偿意愿的方法：统计分析法和计量经济模型分析法

首先统计描述浑河流域上游清原、新宾与抚顺林农的个体特征、林农对浑河上游森林生态环境保护以及重要性与森林生态补偿的认知，然后采用WTA分别测算浑河流域上游三县林农的森林生态受偿意愿值，运用Tobit模型与Logit回归模型分析了林农受偿意愿的影响因素，在此基础上引入分位数模型，进一步解释林农在不同分位点接受补偿意愿的差异。

1.4.5 研究浑河流域下游居民森林生态补偿意愿的方法：统计分析法、数量模型分析法和计量经济模型分析法

首先，根据参与者智力决策模型与IAD延伸模型，探究浑河流域下游抚顺市区与沈阳城市段居民对提升基础水价作为生态补偿方式的接受意愿，运用Logit模型分析其影响因素。然后，利用ELES模型进一步探析居民对基础水价提升幅度的承受能力，即补偿金额并确定其承受范围。对于测算下游其他地区居民，运用WTP测算各地区居民流域森林生态补偿意愿支付水平，利用Logit模型分析其影响因素。

1.4.6 所使用的统计与计量分析软件：EXCEL、SPSS 17.0、ArcGIS 9.3、DPS 7.05和Stata 12.0软件

本书采用EXCEL、SPSS 17.0、ArcGIS 9.3、DPS 7.05与Stata 12.0软件对收集数据进行处理和统计描述，借助ArcGIS 9.3软件测算浑河流域上游向下游空间流转的森林生态服务价值，采用DPS 7.05软件和通径分析探究上游森林生态服务对下游水资源的影响，利用Stata 12.0软件进行计量回归分析。

1.5　技术路线

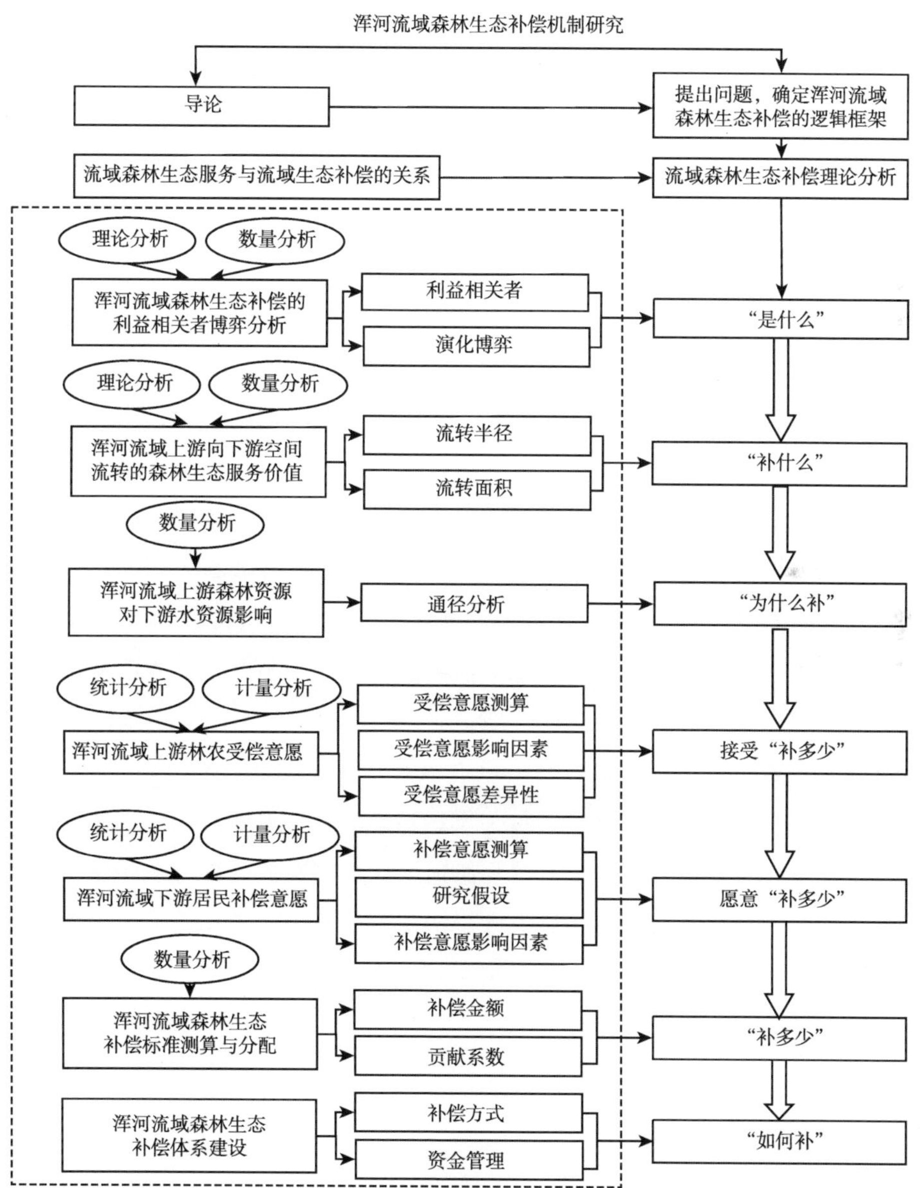

图 1－1　技术路线

1.6 创新点与不足之处

1.6.1 创新点

第一，本书以浑河流域森林生态补偿为研究对象，分别从“是什么”“补什么”“为什么补”“补多少”与“怎么补”等方面展开分析，建立了“浑河流域上下游利益相关者——上游向下游提供生态服务——上游林农受偿意愿和下游居民补偿意愿——补偿标准测算与补偿方式确定”的整体分析框架，力图更加全面、系统地对流域森林生态补偿进行剖析，对已有成果进行补充。

第二，已有流域生态补偿的研究对象聚焦于水资源污染和水权分配，采用投入成本法、机会成本法和影子工程法等静态地计算流域生态服务外溢价值，本书着眼于流域森林资源的生态补偿，借助地理信息系统 ArcGIS 9.3 软件的 Buffer 与 Intersect 分析工具动态地测算浑河上游向下游空间流转的森林生态服务价值，为流域生态服务外溢价值测算提供了新思路，也为流域森林生态补偿提供了理论依据。

第三，针对目前仅仅依靠政府纵向财政转移支付所存在补偿标准较低、补偿方式单一、补偿主体范围较小等生态补偿问题，本书以抚顺市区和沈阳城市段为例，在验证浑河流域上游水源地森林生态服务对下游水环境产生影响的前提下，通过提升城市居民家庭生活用水的基础水价作为补偿方式，增加了横向生态补偿，不仅拓宽了补偿渠道，丰富了补偿方式，还提高了补偿标准，具有一定的创新性。

1.6.2 不足之处

第一，流域森林资源对水资源的影响是复杂的森林水文过程，存在许多不确定因素。降水、气温、热量与季节变化的自然条件以及林龄结构等差异性未被充分考虑，降水输入、径流输出与系统循环的元素含量变化等循环过程中各环节的相互作用以及对水质的影响都是需要分析的问题。由于受个人水平和所获数据等条件限制，很难做到全面研究。

第二，流域上下游是一个相对概念，下游各地区间生态服务功能存在交互作用效应，其价值也可能发生转移，意味着下游地区间也存在补偿与受偿的逻辑关系。本书仅测算了上游向下游空间流转的森林生态服务价值以及流域下游对上游支付的补偿资金，而下游各地区间森林生态服务价值转移模型的建立与下游不同地区间如何逐级补偿还有待探究。

第三，本书尝试以提升城市居民基础水价作为补偿方式，从基础水价提高幅度以及居民承受能力范围进行了研究，由于受阶梯水价的影响，不同阶梯水价提高幅度以及居民承受能力的测算还有待进一步测算。

第四，WTP 与 WTA 存在差异，已有研究成果分别测算 WTA 或 WTP 确定补偿标准。鉴于本书测算两者的差异较小，通过取其平均值确定补偿标准，是否两者存在一定的比例关系仍需进一步探讨，使补偿标准更加科学合理。

第 2 章

理论基础与文献综述

2.1　理论基础

2.1.1　生态学理论基础

（1）生态平衡原理

1935 年，生态系统的概念由英国生态学家坦斯利（A. G. Tansley）首次提出，生态系统是在一定空间内，所有生物与其周围环境之间不断地进行物质循环和能量流动过程而形成的统一整体（曲富国，2014）。在任意生态系统中，生物总是与周围环境一直保持着物质、能量与信息的交换，而且系统中物质循环与能量流动长期保持着稳定与平衡，这种状态被称为生态平衡。生态系统能够保持动态平衡的原因在于系统本身具有抗干扰能力与自我调节能力。倘若外部干扰因素超出了自我调节能力的范围，那么生态系统的自控能力下降，导致结构与功能遭到破坏，即生态失衡。因此，人类在开发利用自然资源、生态环境时一定要遵循生态平衡原理，经济开发活动要在生态环境自控能力的范围内进行，以免防止生态失衡。

流域森林生态系统与经济社会系统构成“自然—社会”的复合生态系统。作为一个开放系统，流域森林生态系统一直与外部环境进行物质、能量和信息的交换，在接收、缓冲与控制等功能的作用下逐渐趋向生态平衡。流域森林生态环境超过自身的自我调节能力，会造成保持水土、涵养水源、净化水质等功能下降，表现为流域上游森林生态环境保护与建设投入小，生态环境功能下降，直接对下游地区的生态环境与经济社会发展带来影响，导致流域上下游地区经济发展与生态环境失衡。因此，从长远看，建立流域森林生态补偿机制能够达到全流域生态共享共建，实现流域上下游森林生态环境可持续发展。

（2）生态服务价值理论

生态环境的重要作用早已得到人类的高度重视。20 世纪 70 年代，学者开始对环境服务功能展开研究。1997 年，韦斯特曼（Westman）提出了“自然服务”概念与价值评估问题。之后，戴利（Daily）和康斯坦萨（Constanza）把生态环境价值研究推向了高潮，尤其是康斯坦萨（Constanza）发表的文章《世界生态系统服务与自然资本的价值》标志着生态系统服务价值评估的研究成为生态环境价值的重点。

生态环境价值是指生态系统具有载体性功和调节性等功能的服务价值及效用，其中生态服务功能指生态系统为人类提供赖以生存、发展的自然环境条件，而人类从中直接或间接地获得效用与利益（仲伟雄，2014）。

流域森林生态环境作为一种特殊的资源，其功能主要包括调节气候、净化环境、保持水土、涵养水源、防风固碳和维持生物多样性等。流域森林生态环境功能价值由直接价值和间接价值构成。流域森林生态环境功能的直接价值是森林资源作为投入物用来维护自身生态环境所体现的价值；而其间接价值是流域森林资源环境对流域其他地区现在或今后所产生的价值。

2.1.2 生态补偿的经济学理论基础

(1) 公共物品理论

按照公共经济学理论，整个社会物品可分为公共物品和私人物品两类。公共物品概念是由美国经济学家保罗·萨缪尔森在《公共支出的纯理论》中提出的，指个人消费某种物品的同时不会减少他人对这种物品的消费（常亮，2013）。与私人物品相比，公共物品具有非排他性与非竞争性的基本特征。其中，“非排他性”指人们在消费某一物品，不能阻止任何人同时消费这类产品，而所谓的“非竞争性”指人们在消费某一物品，增加一个消费者不会影响其他人减少对该产品的消费。这两个基本特征使人们过度使用公共物品，结果出现“搭便车”和“公地悲剧”现象（赵云峰，2013）。

“搭便车”现象是由苏格兰经济学家、哲学家大卫·休谟提出并对其进行了阐述，主要内容：在整个经济社会中，假设所有社会成员在不付出任何成本的前提下享受公共物品，结果会出现任何成员都不能免费享受公共物品的现象。究其原因，主要在于政府部门无法准确地得知所有社会成员对某一公共物品的偏好及效用函数，这样社会成员不用个人付费就能够免费享受他人出资提供的公共物品，这就是所谓的“搭便车”。1968 年，美国著名生态学家加勒特·哈丁在杂志《科学》中以寓言的方式描述“公地悲剧”：在草原上牧人不断增加牛羊的饲养数量，由于草原的生态承载力有限，每增加一头牛羊都会给这片草原带来不可避免的破坏。每个牧人都明白这个道理，但是为了追求更多收益，继续扩大自己的养殖数量，结果这片草原彻底毁灭。

流域森林资源作为生态产品，任何人都能同等免费享有，具有公共物品的特征，由于消费过程中的“非竞争性”使人们过度使用资源，最终产生“公地悲剧”，而“非排他性”又因供给不足导致“搭便车”现象产生。政府管制是解决公共物品的有效途径之一，但政府的财政转移支付能力有限。倘若采用制度创新的形式，让受益者支付费用，那么生态环境保护者不仅获得相应的补偿，而且其积极性能得到激发。生态补偿机制恰好是这种制度，它通过某种政策手段实现生态环境保护外部性内部化，在“谁受益谁补偿”的原则下，受益者向由于保护生态环境造成局部利益损失的公共物品投入者提供一定的补偿费用。因此，建立流域森林生态补偿机制在激励生态环境有效提供的同时，生态保护者在获得合理回报的前提下从事生态环境保护且使生态资本增值。

（2）外部性理论

外部性理论已成为环境经济学相关研究的重要理论支柱。“外部性”概念最早是由英国著名新古典学派经济学家阿尔弗雷德·马歇尔于 1890 年在《经济学原理》中首次提出。外部性（externality）是指在现实经济活动中，生产者或消费者的决策与经济活动行为给其他生产者、消费者带来超越活动主体范围的影响（郑海霞，2006）。

根据福利经济学来看，“外部性”是两种经济力量相互作用产生的，即一种经济力量给另一种经济力量带来“非市场性”的附带影响。外部性影响主要为两种，正面的、有利的作用被称为正外部性或外部经济性，而负面的、不利的作用被称为负外部性或外部不经济性。正是外部性的存在导致边际私人成本（收益）与边际社会成本（收益）存在差异，两者之间的差额为“外部成本”。外部成本会产生外部不经济效应，导致市场失去了调节资源优化配置的功能，即市场失灵。这就要求借助外部力量进行干预。福利经济学的代表人物庇古主张，政府可以通过税收与补贴等途径使外部性“内部化”，达到边际私人成本（收益）等于边际社会成本（收益）。

外部性理论在生态环境保护领域得到广泛应用。流域作为一个特殊的地理单元，其区域关联性强，上游地区的保护或破坏直接影响下游地区的生态环境和社会经济发展。流域森林生态环境具有显著的外部性特征。如果流域上游地区保护森林资源，将使社会边际效益远远超出私人边际效益，产生正外部性；如果在上游保护环境的前提下，下游地区没有得到合理补偿，会出现“外部不经济性”。因此，具有“外部性”特征的流域森林生态环境是一个外部收益与外部成本的协调问题，要激励上游地区进行正外部性的保护行为，建立流域森林生态补偿机制必不可少。

（3）生态资本理论

生态经济学认为，生态系统提供的生态服务被视作一种资源，这种资源的生态效益价值化、货币化被称为“生态资本”。生态资本的内涵主要包括四个方面：生态资源总量、生态环境质量、环境自净能力、生态资源潜力。整个生态系统的资本价值就是通过生态环境功能对人类社会生存与发展的效用总和来体现它的有益性。随着社会经济发展的飞速发展，人类对生态环境的要求越来越高，生态系统的多功能性更加重要，生态资本存量的增加在社会经济发展中所扮演的角色日益显著（袁俊杰，2016）。尤其，流域生态环境受到社会各界的广泛关注。

在流域生态环境的多功能性中，森林资源在涵养水源、保持水土流失等方面发挥着重要作用，对流域上下游地区的发展都有直接影响。上游地区加大流域森林投资力度，促使生态资本增值，如果投资行为得不到下游收益群体的回报，流域森林保护建设行为的可持续性很难保证，所以需要建立一种机制作为保障——流域森林生态补偿机制。这样，在补偿机制的作用下，下游利益群体作为受益者支付一定的报酬，森林生态环境的投资者与保护者能够得到合理的回报，充分调动他们投资、保护森林资源的积极性，确保生态资本持续增值。

（4）博弈论

1928 年，约翰·冯·诺依曼（John · Von · Neumann）首先创立了二人零和博弈，在 1944 年，他与经济学家摩根斯坦合作出版了《博弈论和经济行为》，标志着经济博弈论正式创立。之后，纳什（Nash）与夏普利（Shapely）建立了“讨价还价”模型。纳什于 1950 年将均衡（解）的概念引入到博弈论模型中，使博弈论从零和博弈扩展到非零和博弈。到了 1965 年，泽尔腾将“纳什均衡”引入到博弈动态分析中，提出了“精炼纳什均衡”概念（燕爽，2016）。此后，各国学者不断地丰富和完善博弈理论，博弈论逐渐成为微观经济学分析、研究的重要工具。

博弈论（Game theory），是研究相互依赖、相互影响的决策主体的理性决策行为以及这些决策的均衡结果的理论。博弈论是由参与者、行动、信息、策略、支付、结果和均衡等要素构成，其中参与者、策略和支付函数是最基本的博弈要素。博弈大致可以分为几类：按照参与人数，可分为两人博弈和多人博弈；按照参与者的合作选择，分为合作博弈与非合作博弈；按照博弈结果，分为零和博弈与非零和博弈；按照行动次序，可分为静态博弈和动态博弈。静态博弈是指参与者同时采取行动，但是每个参与者并不知晓前行动者采取什么行动的博弈；动态博弈是指参与者采取行动存在先后顺序，而且后行动者可以通过观察前行动者再做出相应选择的博弈。演化博弈是动态博弈的一种，它将博弈理论与动态演化过程结合起来，是分析一种动态均衡的重要手段。

从整个流域森林生态系统来看，上下游地区相互联系，形成了动态的有机整体。在对流域森林生态环境利用过程中，由于产权难以界定，当上游地区为了追求利益最大化，过度使用流域森林生态环境导致生态保护成本向下游转移，给下游带来了负外部效应；当上游加大保护流域森林生态环境的力度时，下游地区并未支付相应报酬，而享受正外部效应，这种“免费搭车”的偏好会使流域森林生态环境保护与建设陷入“囚徒困境”。因此，流域森林生态环境作为一种公共物品，博弈论为分析其存在的问题提供了理论基础。

环境经济学认为，流域生态补偿是在生态补偿理论基础上的延伸，它以某种资源为载体，主要通过政策制度或是流域上下游地区签订的协议，生态环境受益者向环境保护者和贡献者提供由于保护环境而损失发展机会的补偿，解决流域内不同地区经济损益变化导致的补偿问题，协调流域内上下游主客体由于实践活动引发的区域间利益关系失衡，目的旨在于维护和改善流域森林生态系统服务功能。在流域森林生态环境提供服务功能的过程中，上下游的行动策略和获得收益是相互联系的。由于上下游政府在经济社会发展和资源环境建设两者间存在利益冲突，使得流域上下游利益群体在生态补偿方面具有典型的博弈特征。因此，流域森林生态补偿是上下游之间的博弈。

在流域森林生态补偿过程中，利益群体呈现出多元化的特点，某一个主体的行为会对其他主体构成影响。当一个主体做出选择后，其他主体会根据自己的利益诉求选择策略，以期实现利益最大化，最终实现利益均衡。倘若博弈各方都从自身考虑，就会出现博弈失衡，即“囚徒困境”。上下游利益群体避免“囚徒困境”必须具备如下条件：①上下游利益群体具有共同利益是双方合作的前提；②上下游间达到信息共享与交流；③上下游之间搭建平等协商谈判的平台；④制定相关法律、政策或是双方签订协议，为双方利益提供保障。流域森林生态补偿的实质是补偿利益主体间以补偿标准为核心进行相互博弈，博弈论作为一种分析工具，研究的是决策主体的行为发生直接相互作用时的决策以及这种决策的均衡问题。

2.2 文献综述

2.2.1 生态补偿

生态补偿是生态学、环境学与经济学等学科间交叉研究综合形成的一个概念。生态补偿概念最早是由国外专家、学者对生态系统服务功能及价值研究过程中提出的。20 世纪 60 年代，John Krutila 提出了关于自然资源价值的概念，为今后生态系统服务功能价值研究奠定了基础。之后，在 1970 年，SCEP

首次提出生态系统服务功能的概念，并指出生态系统具体的环境服务功能（Pearce and Turner，1990）。直到 1990 年以后，生态补偿才被大部分学者逐渐认识，生态补偿是对遭受破坏的生态系统进行修复或者异地重建以弥补生态损失的做法（Cuperas，1996）。在国际上，“生态补偿”（ecological compensation）通常被生态效益付费（payment for ecological benefit，PET）或生态服务付费（payment for ecosystem services，PES）所代替。有些学者将“环境服务费”视为“生态补偿”，主要指依据生态系统服务功能的价值量向自然资源管理者支付相应费用，目的在于激发他们保护生态环境的积极性。生态服务付费与生态补偿的内涵在本质上是趋于一致的，但生态补偿包含范围更宽泛。关于生态补偿的界定，学者们根据学科特点，从不同角度对生态补偿的内涵进行定义。阿兰（Allen，1996）和科威尔（Cowell，2000）认为，生态补偿是对已被破坏生态环境的恢复和弥补，而 Pagiola（2005）强调生态补偿是对特定生态效益相关者利益的协调。综合大多数学者的意见，可以认为：生态补偿作为一种制度安排，以保护生态环境为目标、协调人与自然共同发展为目的，依据生态保护成本、机会成本和生态系统服务功能价值，运用行政与市场相结合的方法，调整生态环境保护与建设涉及到各方之间相关利益关系的公共环境经济政策。生态补偿起初主要被用来抑制环境的负外部性，根据污染者付费原则（polluter pays principle）向行为主体征收税费对其进行惩治，进而转向激励正外部性行为（Merlo，2000；Murray，2001）。

（1）生态补偿的理论范围

根据微观经济学理论，环境外部性是指某主体未参与某种产品或服务的生产或消费，反而从中无偿获取收益。当生态环境经营者在进行森林资源的保护与建设等不仅提供清洁的水源、清新的空气，还能保证生物多样性以及固碳等服务功能，然而这一系列生态服务功能却不能通过市场交易实现其价值（胡淑恒，2015）。由于生态环境保护与建设具有正外部性，经营者的个人成本高于社会成本，而个人收益低于社会收益。倘若生态环境的经营者在对森林资源进行保护与建设的前提下失去了发展的机会，就应该得到相应的补偿，目的在于提供充足的生态服务产品。

科斯和诺思的理论主要是有效地解决环境的外部性问题，具体表现为环境保护与建设的生态补偿，即由于生态环境的经营者保护生态系统，提供生态服务而失去机会成本，所以要对其进行生态补偿，达到减少甚至消除个人效益与社会利益偏差的目的，实现公共物品足额供给。这就意味着生态补偿的最低额度应该表示为提供生态系统服务所失去的机会成本，最高额度要低于生态服务系统产生的服务价值。从逻辑上讲，生态补偿应该在提供的生态服务价值和丧失的机会成本之间。

（2）生态补偿的主要领域

第一，森林生态补偿。许多国家实施生态服务付费主要是以森林资源为载体，围绕生态系统服务功能展开的，而且引入了市场交易机制。世界上出现的森林生态补偿方式主要包括碳汇交易和森林生态景观美化交易。这些交易案例不仅发生在欧美等发达国家，还包括亚非等多个国家和地区在内。

第二，矿产开发的生态补偿。许多发达国家在矿产开发的生态补偿方面都有成功案例，主要是采用立法的方式，明确规定了补偿的范围、方式及标准，保证矿山开发补偿可以顺利实施。美国和德国对矿产开发的生态补偿的做法非常类似，针对立法前未解决的生态环境破坏问题，美国通过基金的形式筹集资金，德国是由中央和地方共同出资，成立矿山复垦公司负责生态环境恢复工作，而立法之后的环境破坏问题由开发者自己负责（孔德帅，2017）。

第三，流域生态补偿。不同国家采取的补偿方式不同，以澳大利亚为例，联邦政府为了加强流域生态环境管理，对各省进行经济补贴。南非采取流域保护、恢复与扶贫结合起来，每年雇佣弱势群体保护流域，投入金额达 1.7 亿美元（李秋萍，2015）。大多数国家对流域生态环境补偿都是与森林生态服务有机结合，建立有效的补偿机制，其中市场机制发挥着核心作用，而政府扮演着中介的角色。

（3）生态补偿标准的测算方法

在国外，许多国家开始重视生态补偿的研究，主要侧重于生态补偿测算方法和补偿模式研究（Larson，1984；Carsten，2000）。机会成本法是被普遍认可、可行性较高的确定补偿标准的方法（Castro，2001）。从苏格兰的研究结论可以看出，新造林生态补偿标准与生态服务功能无关，而与机会成本直接相关（Macmillan，1998）。尼加拉瓜在实施牧区造林计划的过程中，把农户因牧区造林而损失的机会成本作为补偿标准的主要因素（Pagiola，2007）。Johst（2002）建立了生态经济模型程序，通过对不同物种的功能时空差异性的生态补偿进行预算，为补偿标准的合理制定提供了数量支持。条件价值评估法（Contingent Valuation Method，CVM）被视作是评价生态系统服务功能价值和公共物品最有效的途径之一（Arrow，1993）。通过调查受访者支付意愿（Willingness To Pay，WTP）或受偿意愿（Willingness To Accept，WTA），从而计算公共物品的非使用价值。AHP 和 CE 法也被用来统计分析居民生态补偿支付意愿，结论表明：在环境和社会福利的基础上，居民愿以收入税的方式参与生态付费，为生态补偿标准的确定提供了依据（Moranand Mc Vittie，2007）。之后，国外先进的生态补偿标准测算方法逐渐被国内学者借鉴、使用。

（4）生态补偿的模式

生态补偿根据划分的角度不同呈现出多种方式，一般生态补偿被分为四个类型，即直接公共补偿、限额交易计划、私人直接补偿和生态产品认证计划（李华，2016）。生态补偿主要通过以政府购买生态效益，提供补偿资金的政策手段和以市场交易的手段来实现的。过去一段时期内，美国一直通过“政府购买生态效益”的方式，为生态补偿提供资金，从而提高生态效益。澳大利亚采用联邦政府的经济补贴，促进各省市加强生态环境管理与建设工作。南非政府出资雇佣弱势群体不仅可以增加他们的经济收入，还可以达到保护生态环境的目的（聂倩，2015）。

2.2.2 森林生态补偿

森林作为全球生态服务系统的主体，其生态服务功能及价值评估已成为国内外学者关注的焦点。森林生态系统服务及生态效益的研究主要包涵两方面内容：一是森林生态服务价值评估，是指运用机会成本、CVM 条件价值评估、影子工程等方法对森林生态系统的涵养水源、净化水质、调节气候与保持水土等17类服务功能进行测算；二是森林生态服务功能补偿，基于森林生态服务功能价值评价，借助技术、管理与市场等手段对森林资源存量进行测算，进而确定其补偿标准。

(1) 森林生态服务功能及价值评估

生态服务功能及价值研究最早始于20世纪70年代，Costanza（1997）和Daily（1997）将全球的生态系统服务功能划分17类并首次估算其价值，为森林服务功能价值测算的研究奠定了基础。Matero等（2007）建立了森林生态服务与经济间相互关联的森林经济互动模型，将森林生态服务价值纳入芬兰森林资产核算体系。芬兰的Kauppi等（1997）与中国学者合作，估算了中国生态系统价值为10.01万亿元。德国的Till等（2012）研究人员对森林调节气候的生态服务功能十分关注，强调REDD Plus机制应与国际标准保持一致。Publishing（2015）基于生物多样性的视角评价森林生态系统服务功能，其受植物入侵和土壤氮降解周期的主要作用。Winans（2015）利用成本—收益法，在分析森林资源与玉米混合种植过程中，明确提升森林资源的固碳能力的方法。在我国，森林生态服务功能及价值评估的相关研究相对较晚，直到20世纪80年代才开始。最早的案例是利用费用替代法计量云南西双版纳的森林涵养水源的生态服务价值（张嘉宾，1982）。在Costanza将全球生态系统服务功能界定为17类并估算其价值的基础上，谢高地（2015）通过生态系统价值当量因子的方法核算中国生态系统11种生态服务功能类型的经济价值，其每年总服务价值量约为38.10万亿元，其中森林生态服务价值最高，达到46%。森林资源的生物量对森林生态服务价值有重要影响。以浙江杭州中部地区为例，借助Landsat遥感影像数据，结合地形、坡度等立地条件的辅助数据，通过最优数据集与数学模型相结合，测算并分析林地生物量的分布及时空变化规律，明确基于生物量的森林生态服务价值的估算方法（吴超凡，2016）。

(2) 森林生态服务功能补偿

近年来，国内外学者对森林资源价值研究中心由市场交易的林产品逐渐向森林生态服务功能价值转变。由于森林生态环境作为公共物品具有非竞争性与非排他性的特点，消费者免费享有森林生态服务，而森林提供人类生存发展所需的生态服务尚未得到回报。诸多学者指出，依据政府出资补偿为主的庇古论与市场补偿为主的科斯论，对于森林资源及生态服务应该给予保护、恢复及补偿。世界各国采取不同措施进行森林生态服务补偿。美国、德国、英国和法国通过政府加大林业补贴进行森林生态补偿；加拿大、哥伦比亚和日本通过对受益部门征收一定费用作为森林生态补偿资金。此外，德国和哥斯达黎加建立了完善的市场交易机制，吸纳私有资金和建立森林生态服务补偿市场，实现了森林生态服务补偿和环境保护的双赢效果（李文华，2006）。

森林生态服务价值评估为森林生态补偿提供了基础，但不同理论学派对森林生态补偿依据生态服务评估价值的补偿方法测算、补偿标准确定与补偿主体确定存在差异。“生态经济学派”认为，市场价格法和替代法可以直接计算森林生态服务价值作为补偿标准；“环境经济学派”认为，森林生态服务价值难以估算，作为森林生态补偿标准并不恰当，支付意愿法测算的补偿标准较为合理、准确（David，1987；George，2007）。在 Zahamena 地区，Kelly 提出通过居民支付森林保护费用维持生物多样性的补偿方案，实现 300 公顷方位内森林生态服务系统得到有效保护（Kelly 等，2012）。Torres（2013）选择不同的四个区域，利用多项 Logistic 模型探究居民对碳服务支付意愿的偏好，森林生态环境的满意度与居民对碳排放的认知是主要影响因素，提出建立森林生态服务为主体的碳交易市场。20 世纪 90 年代，支付意愿法由我国学者在理论与实践两方面开展研究，主要包括森林生态系统恢复、森林生态环境保护和森林资源价值评估等领域。2013 年，贵州省森林生态服务价值经核算，总价值达到 20 013.46 亿元（欧阳志云，2013）。张颖等（2013）对江西瑞昌农户森林生态受偿意愿进行分析，林农受偿意愿值为 350 元/公顷，与实际生态补偿标准存在一定差距。以辽宁省为例，利用成本分摊法和能值估算法分别得到不同的补偿标准，将两者的测算结果设置为森林生态补偿标准上限和下限，补偿标准区间为［344.8 元/公顷，6 605.3 元/公顷］（王娇，2015）。我国西北地区森林生态环境脆弱，森林生态补偿变得尤为重要，现行的补偿政策存在诸多问题亟待解决：补偿资金来源、补偿范围确定、补偿主体明确、监管配套保障与补偿政策落实等方面（常丽霞，2014）。

2.2.3 流域生态补偿

流域生态补偿最早来源于流域管理，主要是指流域生态破坏和重构、建设补偿。国际上对流域生态补偿的概念很少使用，通常被“流域生态系统服务付费”(payment for watershed ecosystem services, PWES）代替（Simon, 2005)。流域生态补偿是指流域受益主体（污染者）对保护主体（受害者）进行补偿，补偿方式包括资金补偿、技术补偿或是政策补偿等，这一含义与国内学者的界定在本质上是趋于一致的。流域生态补偿是在生态补偿理论基础上的延伸，它以某种资源为载体，解决流域内不同地区经济损益变化导致的补偿问题，协调流域内上下游利益相关者由于实践活动引发的区域间利益关系失衡的重要经济手段，通过直接支付生态补偿费用行为，从而实现生态环境保护与利益分配的公平、正义。广义的流域生态补偿还包括国家对流域生态保护区内从事生态保护、建设而丧失发展机会的居民在资金、实物和技术的补偿及政策上的优惠等。

(1) 流域生态补偿的理论基础

从已有研究来看，流域生态补偿是以某种具有公共物品特性的资源为主，通过直接支付生态补偿费用行为，合理、有效地协调流域内上下游地区利益相关者的关系，实现整个流域生态环境保护和经济可持续发展，其理论基础主要包括：公共产品理论、外部性理论、生态资本理论、资源有偿使用理论和可持续发展理论等。

资源的公共物品属性会使私人部门在生产消费过程中非竞争性和非排他性地过度使用，结果产生“公地悲剧”和“免费搭车”现象，造成资源配置缺乏效率。生态环境作为一种公共资源，从效用论视角来看，其所提供的生态系统服务功能具有价值。生态环境价值的承担者可分为有形产品和无形效用两种，其中前者可以通过市场以货币形式直接支付实现；后者按照资源有偿使用理论，需要获取一定数额的经济补偿才能实现。外部性的存在扭曲了上游地区生态环境建设的投入社会最优量，这就要求通过征税或是补贴等方式实现生态环境外部效应内部化，在不损害上下游利益的基础上，提高社会整体福利水平，增强流域生态补偿制度的激励作用（于成学，2014）。这些理论基础为流域生态补偿研究和实施提供了依据。

此外，国内外还提出了流域生态补偿原则。国外主要采用 PGP（Provider Gets Principle）和 BPP（Beneficiary Pays Principle）原则，即流域生态受益者付费和保护者获得补偿，其中 PGP 模式在许多国家已经实现（Hanley 等，1998；Maurizio 等，2000）。国内坚持“区域利益与整体利益协调”“经济发展与生态保护协调”“责权利相统一”和“谁污染谁治理，谁保护谁受益，谁受益谁补偿”等原则，强调流域生态环境保护成本由投入者和受益者共同承担，借助经济手段，协调相关者利益关系的制度安排，旨在于修复和完善流域生态系统服务功能。这些补偿原则被视为明确界定补偿主客体的基础。

（2）流域生态补偿的利益相关者

流域生态补偿涉及不同利益相关者间利益让渡和财富再分配的问题，这就要求明确“谁补偿谁”，即补偿主体和补偿客体。由于流域水资源具有流动性而产生的利益关系较为复杂，使得补偿主体边界不清、补偿对象局限等问题依旧存在，导致支付主体和受偿主体不易界定。

20 世纪 60 年代，利益相关者理论逐渐兴起，按照 Freeman（1984）对利益相关者的认识，生态补偿存在多个不同层次的利益相关主体。目前，我国已把利益相关者分析方法应用到流域补偿主客体的确定中，通过关键人物访谈、问卷调查等手段对利益相关者的“权、责、利”进行分析，从而确定不同层次的补偿主体和客体（郑海霞，2006）。中国生态补偿机制与政策研究课题组（2007）认为，流域生态补偿主体既包括从水资源中受益群体（企业、个人），还包括在生产过程中向河流排污，影响水质的利益群体；补偿客体指保护流域生态环境的建设者和贡献者，一般是流域上游地区。大多数学者普遍认同，流域生态补偿主体是指生态补偿责任的承担者，而补偿客体为流域源头生态环境保护和建设的贡献者和利益受损者（蒋毓琪，2016）。

按照生态环境保护相关法律政策规定的“谁开发谁保护、谁污染谁治理、谁破坏谁恢复”原则，补偿主体依照利益相关者理论在流域生态环境保护中的责任能够确定（李长健等，2017）。流域生态补偿应围绕着控制水质和水量为研究对象，上下游地区等利益主体通过平等协商、制定流域环保协议的方式，明确规定不同河段水质与水量的标准，以此判断主体的补偿和赔偿责任。

在国外，流域补偿主体和受偿客体的产权边界比为清晰，责任与义务也较为明确，利益主体的平等性能够得到尊重。例如美国政府作为流域补偿主体，承担一切生态补偿费用，并建立相应的激励机制鼓励上游地区居民，提高他们生态环境保护的积极性，下游受益主体向上游生态环境保护的贡献者以货币的方式进行补偿。德国主要以政府间横向转移流域生态补偿方式为主，效果十分显著。哥斯达黎加则由水电公司集团以国家林业基金对流域水体的保护者进行补偿（刘传玉，2014）。总之，补偿主客体权属关系的界定是流域生态补偿各种利益相关者之间合作的前提和基础，流域生态补偿的实质就是通过体现超越权属边界范围的行为成本或是借助市场平台进行权属成本转让实现生态外部效益内部化。

（3）流域生态补偿模式

流域环境作为公共物品，其服务的外部性和信息不对称性等特点对资源高效配置造成不利影响。所以，政府管制成为流域环境保护的首选，通过制定一系列的制度、政策和法规，监督下级政府间的实施情况，协调各参与主体间的利益关系。我国政府主要采用财政转移支付的补偿方式直接投入生态建设，并且对流域上游地区提供水土保持补助，除了资金、实物、技术补偿外，还有政策补偿和项目补偿等形式。政府流域生态补偿大致分为三个阶段：①筹集阶段，以征收税费方式获得补偿金；②支付阶段，通过财政转移实施资金补偿；③分配阶段，按照程序规定、补偿标准，确保补偿计划有效实施。以闽江流域为例，福州市政府每年向地处上游的三明和南平两市分别补偿500万元，用于整治水污染，以保证水质达标（林秀珠，2017）。辽河流域基于跨界监测断面水质目标考核模式，省政府制定河流出市断面水质考核及补偿措施，如果水质超标，则上游城市对下游城市进行补偿，补偿标准为出市断面50万元×超标倍数（于成学，2017）。

在实践中，财政转移支付这种“输血型”补偿方式很难实现环境保护与经济发展的良性互动，所以需要引入市场竞争机制。市场交易作为流域生态补偿模式日趋增多，将在我国流域生态补偿发展中扮演重要角色。流域市场交易是指在政府对交易活动引导和监督的情况下，生态系统服务的贡献者和受益者协商价格并购买服务（王军锋，2013）。浙江东阳—义乌的水权交易较为典型，双方签订水权交易协议，东阳按照 4.1 元/立方米向义乌出售国家 I 类饮用水标准的水资源，通过交易实现了“共赢”（赵连阁，2007）。

从生态补偿的发展趋势来看，国外正逐渐将清晰界定的流域环境服务商品化，主要表现为权属交易和契约签订，环境服务产品包括水质水量调节、水资源污染控制、地下水调节和水土流失防护等。美国流域生态补偿的典型模式为流域下游的纽约市购买 Catskills 流域与特拉华河流域的生态环境服务。纽约市水务局通过对用水居民征收附加税、发行信托基金与公债等方式筹集补偿金，然后对流域上游水源保护者提供补偿费用，激发他们改善流域生态环境的积极性。德国易北河流域生态补偿资金和治理费用呈现出多渠道的特点，包括财政支付、排污费以及下游利益主体（政府、企业和居民）给上游利益受损者的经济补偿（郑海霞，2006）。日本在对用水居民征收水源税的基础上，建立“森林环境保全基金”（独立于政府），资金用于改善流域上游森林生态环境。

（4）流域生态补偿标准

补偿标准测算是确定生态补偿量的核心，也是建立有效流域生态补偿机制的关键，直接关系到流域生态补偿的科学性和实施效果。流域生态补偿标准的实质是确定的补偿值不仅能够合理反应流域生态系统服务功能的价值及其成本与收益，还能被上下游利益主体所接受，从而有效矫正利益相关者的经济关系，达到保护流域生态环境的目的。现阶段，流域生态补偿标准测算思路大致可归结为三种：①从投入成本看，通过测算生态环境总成本来确定（余渊等，2017）；②从环境效益看，通过核算流域生态系统服务功能价值加以确定（王奕淇，2016）；③从补偿意愿看，通过问卷实地调查形式，询问居民的最大支付意愿金额或最低受偿意愿金额来确定（金淑婷等，2014）。它们分别从自然补偿、经济价值生态补偿和社会生态补偿的角度来核算补偿标准。

在成本方面，流域生态环境总成本由私有者直接成本、机会成本和社会消费者受益补偿核算等部分组成。其中，直接成本包括流域水资源治理与水污染控制投入、林业建设与生态移民投入以及其他成本投入；机会成本包括因保护流域上游生态环境而限制农业生产和工业发展造成的产值损失以及公益林、水土保持和自然保护区等生态建设项目导致的收益减少。流域生态保护投入的直接成本测算方法比较确定，即市场直接定价法，主要有静态核算和动态核算且这两种方法经常结合使用。由于机会成本作为一种潜在投入，确定难度大、准确性差，故核算方法也颇受争议，现阶段普遍采用问卷实地调查和间接计算等方法（耿翔燕等，2018）。问卷实地调查法受主观因素影响，导致调查结果的不确定性较大，因此在我国较少应用。比较之下，间接计算法应用较多，通过比较两个地区的经济差异，测算保护流域生态环境所造成的经济损失。

在效益方面，流域生态环境收益可以通过计算生态系统服务功能价值来体现，这种方法使生态系统服务功能实现“货币化”（程建，2017）。Daily 和 Costanza 将生态系统服务价值核算研究推向了资源与环境经济学的前沿，且在生态系统服务功能取得的研究进展最为引人关注。Daily（1997）编写了 *Nature's Service*：*Societal Dependence on Natural Ecosystem*，在书中详细阐述了生态系统服务功能的概念、研究史及评估内容和方法等专题研究。同年，Costanza 等学者（1997）在总结国际已有的生态系统服务价值评估研究的基础上，将全球生物圈生态系统服务划分为 17 个类别，并对所有生物群区功能价值进行了估算，例如水调节、水供应和水土保持等。这些研究成果对我国流域生态系统服务功能价值研究产生了深远影响。基于 Costanza 等提出的生态系统服务价值评估模型，谢高地等通过问卷调查的形式，向国内诸多生态学专家征求意见，最后得出“中国生态系统生态服务价值当量因子表”。介于此，以西藏纳木错流域为例，通过生态系统面积和服务功能单价，能够直接测算出流域态系统服务功能总的经济价值（王原，2017）。

在补偿意愿方面，条件价值评估法（Contingent Valuation Method，CVM）被普遍用来核算资源环境价值。资源环境的总价值由使用价值与非使用价值构成（Pearce，1990），通常非使用价值占据相当大的比重（Carson，1992）。非使用价值评估技术可分为两类（Lovett，2011），即揭示偏好法（Revealed Preference Method，RPM）和陈述偏好法（Stated Preference Method，SPM）。

揭示偏好法是指利用个人与市场相关的行为以及支付价格，间接通过个人对环境物品与服务的偏好，以此估算环境变化的价值（Smith，1993）。这种方法主要包括：旅行费用法（Travel Cost Method，TCM）、享乐价格法（Hedonic Price Method，HPM）、市场成本法（Market Cost Method，MCM）和效益转移法（Benefit Transfer Method，BTM）。陈述偏好法是指利用调查技术直接询问受访者对环境产品与服务愿意支付的价值，包括条件价值评估法（CVM）和选择实验法（Choice Experiment，CE）（Asafu，2000）。由于环境产品与服务价值评估并没有市场价格作参照，针对这种“市场失效”现象，必须采用价格以外的估值方法来判断资源环境价值。CVM 能够在信息缺失的情况下发挥其提供数据来源的优势，用于公共物品非使用价值的评估。

1947 年，Ciriacy – Wantrup 提出通过直接询问的方式了解受访者对公共物品的支付意愿与生态环境的补偿意愿，进而推估消费者享用此公共物品而获得的经济效益（Portney，1994）。这是 CVM 思想形成的萌芽。美国经济学家 Davis（1963）首次将 CVM 用于估算美国缅因州一处林地的游憩价值。CVM 也被称为投标博弈法等，是指在假想市场的前提下，通过直接调查与访谈的形式，测度人们对改善生态服务的最大支付意愿（Willingness To Pay，WTP），或是对生态服务质量损耗的最小受偿意愿（Willingness To Accept，WTA）。换言之，CVM 是引导受访者在假想市场中回答其支付意愿或补偿意愿的货币量。20 世纪 70 年代初，CVM 被用于评估公共物品与政策效益以及资源环境价值（Mitchell，1989）。1979 年和 1986 年，CVM 得到美国政府部门的认可，被作为资源评估的方法写入法规（Wattage，2001）。

CVM 在发达国家能迅速发展，与人们对环境问题和调查问卷较为熟悉有关；而在发展中国家，政府对资源环境信息的公开程度有限以及受访者存在奉承偏差等，这些因素都会影响 CVM 的应用与推广。但诸多学者认为，CVM 某些方面在发展中国家有效、可行且具有优势，例如访问成本低、调查方式最受推荐等（Whittington，2001）。国际货币基金组织（IMF）和世界银行（WB）资助多个 CVM 调查项目，主要用于发展中国家的政策评估。直到 20 世纪 90 年代，CVM 案例在我国才出现，说明此方法开始引起资源环境经济学领域的关注。张茵和蔡运龙（2005）首次将 CVM 运用到游憩研究领域，估算了九寨沟旅游资源的非使用价值，同时对问卷设计、实地调查与数据处理等方面进行了深入探讨。高汉琦等（2011）分别设置“经济优先发展”“现状”与“经济、生态协调发展”三种假设情景，并模拟不同情景下耕地生态服务功能变化过程，采用 CVM 估算农户保持耕地生态效益的支付意愿（WTP）和受偿意愿（WTA）。除了估算耕地生态效益外，WTP 与 WTA 更多用于生态环境价值评估。生态环境作为一种公共资源，按照有偿使用的原则，受益者应该支付补偿费用。近年来，流域生态补偿已成为学术研究的热点之一，由于补偿标准确定是核心问题，学者主要聚焦于 CVM 方法通过测量 WTP 或 WTA 测算流域生态补偿标准。以黄河流域为例，葛颜祥等（2009）采用 CVM 通过两项选择法对山东居民的补偿意愿与支付水平进行调查。乔旭宁等（2012）采用 CVM 在构建补偿标准流程的基础上，分别计算渭干河流域居民生态补偿的 WTP 与综合成本，并将其作为补偿的最高与最低标准值。总之，CVM 是基于效用最大化原理，通过构建假想市场，直接调查利益相关者对资源环境改善的 WTP 或资源环境损失的 WTA，以此测算出环境资源的经济价值（佟锐等，2016；关海玲，2016）。流域生态系统具有控制水土流失、涵养水源和稀释废水等功能，虽然其服务功能价格很难测度，但产生的现存价值、非使用价值和社会效益可运用条件价值评估法来确定（Loomis，1997）。

从已有的研究成果来看，CVM 仅停留在实验并报告结果的初级阶段，应用领域有限、评估方式单一，并且缺乏有效性与可靠性检验。随着人们对 CVM 的了解、认知不断加深，从 20 世纪 90 年代开始，CVM 研究由实验并报告内容向检验结果的有效性、可靠性转变。有效性与可靠性是针对度量方法可能存在偏差的系统检验方法。有效性是指通过某种方法或工具是否能够实现目的，即衡量个人对生态环境等公共物品的“真实”偏好程度（Kealy，1990），主要包括理论有效性、内容有效性、预测有效性和收敛有效性 4 个指标。Arrow 等（1993）认为，预算限制、温暖的光辉以及访员提供信息与受访者接受信息存在差异对 CVM 有效性产生了影响。自此基础上，Mac Millan 等（2004）还将引导方式、策略行为、受访者支付意愿的不确定性等因素归结为 CVM 有效性的影响因素。总之，“假想市场，虚拟支付”是导致 CVM 有效性差的根本原因（许丽忠，2012）。蔡志坚等（2011）通过发放大样本，经过多次调查，更加准确测量参与者真实的支付意愿，提高了 CVM 研究结果的有效性。可靠性是指在不同的时间维度上，相同方法是否会得到相同的结果，即测度方法的稳定性与可重复性（Carson，2001）。CVM 可靠性检验通常采用“试验—复试（test - retest）检验法”，按照调查对象，分为重复受访者法与重复目标人群法（Venkatachalam，2004）。重复受访者法是指在不同时间段对同一受访者采用相同的调查手段进行调查，检验前后两次受访者的偏好是否保持一致性。Carson 与 Mitchell（1993）相隔 3 年调查了居民对水质改善的支付意愿，研究发现：在不受物价因素影响的前提下，同一受访者的支付水平差异不足 1 美元。重复目标人群法是指在不同时间段运用相同的调查手段对同一目标人群中两个不同的样本组进行调查，考察受访者的偏好是否保持时间上的稳定性，该方法较为实用。周学红等（2009）相隔 3 个月，对哈尔滨市区居民对东北虎保护的支付意愿进行调查，结果表明：前后两次支付意愿水平的差值分别为 1.61 元与 1.56 元，两次调查结果没有显著差异。此外，国外有学者还在环境污染、健康保险和健康风险等方面对 CVM 应用的可靠性进行了检验（Richard，2003；Hengjin，2003；Roy，2006），国内学者牛海鹏等（2014）采用 CVM 测度了耕地保护外部性，根据同一方法重复试验对研究结果进行了有效性与可靠性检验，结果显示大多数 CVM 的结果是可靠的（Venkatachalam，2004）。

CVM 采用开放式问卷法与封闭式问卷法两种基本评估技术。开放式问卷法是通过直接询问受访者对改善环境的最大支付意愿（WTP）与受损所需的最小受偿意愿（WTA）。该方法易于提问，但受访者在作答过程中，会出现零支付或是 WTP 较小的现象，对于不熟悉的评估对象，受访者的支付概率更小，易于引发策略行为。封闭式问卷法被称为二分选择问卷，受访者需要对一个投标值回答“是”或“否”，该方法能够模拟真实市场，有利于克服开放式问卷中受访者不回应的问题。在对比实验中，封闭式问卷获得的 WTP 高于开放式问卷，前者与后者的估值比介于 1 ~ 7 219 之间，其差异取决于不同形式问卷给受访者带来的认知难度（Hanemann，1994）。鉴于上述优点，Hanemann（1994）引入了双边界二分式问卷法：当受访者对第一个 WTP（WTA）投标值回答为“是（否）”，第二个投标值要大于第一个投标值，反之就要小。与单边界二分式问卷相比，该方法在大样本数据的支持下，统计结果更为有效（Morrison，1997）。这种方法的有效性得到了国内外学者一致认可。例如，赵军（2006）总结了 CVM 关于河流生态系统保护与环境质量改善等在问卷设计、调查实施、数据处理等过程中的实际经验，并针对 CVM 双边界二分式问卷法的每个步骤提出了今后研究应该注意的 9 条原则。在选择个人或家庭作为调查样本时，CVM 通常在设置一系列假设问题的基础上通过问卷调查的形式，评估受访者对公共物品和服务的偏好程度以及对其项目改善的支付意愿。敖长林等（2015）采用二分式 CVM 调查问卷，询问居民改善松花江流域生态系统服务的支付意愿，估算了总经济价值。总之，CVM 方法为流域生态补偿标准的确定提供依据。

（5）流域生态补偿机制

流域生态补偿机制科学、合理的建立，能够有效解决流域内上下游利益相关者关于生态环境保护与经济发展不一致的矛盾，使流域内各区域实现“共赢”，达到流域区际协调发展的目的。现阶段，我国流域补偿资金主要来自中央政府财政转移支付，地方横向财政转移支付较少，其原因在于流域内地区行政边界刚性约束，地方政府利益固化。齐子翔（2014）以京冀地区流域为例，借助委托—代理模型，设计区际生态补偿机制（契约）。冷清波（2013）借助 SWOT 工具从补偿原则、补偿范围、补偿主体和对象、补偿标准和资金来源以及补偿方式等方面对鄱阳湖流域生态补偿机制的内外部因素进行了全面的分析。

流域生态补偿是各利益相关者相互合作博弈的过程，目的是要实现补偿主客体的纳什均衡。所以，流域生态补偿应该坚持上中下游“利益共享、责任同担”原则，加强流域内不同区域间补偿，逐渐形成“上游生态环境保护者提供生态产品——下游环境受益者购买并支付相应费用——生态环境保护者获取补偿资金，激发其加强生态环境建设积极性”的良性互动机制（徐大伟等，2012）。在此基础上，流域生态补偿机制构建的一般步骤可归纳为：①制定补偿基本原则，编制流域综合规划；②确定实施范围，定位生态功能；③界定补偿主体和客体，明晰损益关系；④确定补偿标准与补偿方式；⑤多渠道筹集补偿资金，设立管理与协调机构，建立监督机制为补偿资金有效使用提供保障；⑥合理选择试点，分期实施（胡振华等，2016）。流域生态补偿机制的实质就是通过某种途径实现外部资源内部化，要求生态环境“受益者”为“贡献者”支付相应费用，从而调节流域内上下游利益相关者的经济关系，缓解流域生态服务供求矛盾，加强流域生态环境保护建设，使生态资本增值（王军锋，2013）。

（6）流域生态补偿实践

到目前为止，40多个国家早已实施流域生态服务付费（payment for watershed ecosystem services，PWES）项目，其中国外流域生态补偿（PWES）项目市场化程度高，覆盖范围广，呈现出流域管理实践的差异性。国外典型的PWES案例（见表2－1）。

表2－1　　国外流域生态补偿典型案例

项目名称	案例内容	补偿模式和补偿方式	参与主体	提供生态服务
美国：纽约市Catskill流域生态环境服务付费	纽约市政府与“流域农业理事会”协商和交易，要求上游农场主保护水源，使水质达标	（1）补偿模式：政府为主导的公共支付；（2）补偿支付方式：资金补偿，其来源于纽约市用水居民的附加税、公债和信托基金	纽约市政府、流域农业理事会和农场主	清洁流域水资源
法国：Perrier Vittel S. A公司生态服务付费	Perrier Vittel S. A公司为减少投资建设水源过滤厂的成本，该企业通过向流域上游土地所有者提供资金补偿，要求其保护水源地，使天然优质的水源得以恢复	（1）补偿模式：市场交易；（2）补偿方式为：矿泉水公司向流域上游土地所有者直接支付补偿资金	Perrier Vittel S. A公司和上游土地所有者	恢复流域天然优质水源
厄瓜多尔：基多水资源保护基金（FON－AG）	1998年，厄瓜多尔基多市成立了流域水保持基金（FON－AG），由专业机构（第三方）管理，独立于政府，主要用于保护流域上游地区土地和生态保护区	（1）补偿模式：政府补偿和市场交易；（2）补偿方式：资金补偿、项目补偿、智力技术补偿	国家、市政水务公司、水电公司HCJB、M B S－Cangahua灌区以及流域下游农户	保护Cayambe－Coc流域上游地区的40万公顷土地和Antisana生态保护区

续表

项目名称	案例内容	补偿模式和补偿方式	参与主体	提供生态服务
哥斯达黎加：国家林业基金（FONAFIFO）生态服务付费	私营水电公司为使河流年径流量增加，每年向 FONAFIFO 提交 18 美元/公顷，国家补增 30 美元/公顷，用于上游土地私有者造林、保护林地	（1）补偿模式：自发组织的私人贸易；（2）补偿方式：资金补偿，向流域上游土地私有者直接支付现金	政府、私营水电公司、土地私有者	净化水源、保持水土、降低侵蚀和沉积等

纵观上述国外流域生态补偿（PWES）模式，具有如下共同点：①补偿模式市场化，主要以市场交易中的服务付费机制为主，政府补偿为辅；②补偿资金多渠道，其来源于财政转移支付、流域服务税、污染费和信托基金等；③补偿方式多样化，分别为对流域服务保护者和贡献者提供资金补偿、投资建立污水处理厂和生态保护区的项目补偿、政策补偿以及技术补偿；④利益主体参与广泛化，地方社区主体积极参与流域生态补偿项目；⑤补偿基金独立化，流域生态补偿基金独立于政府，由私营者管理，但基金用途与政府规划相统一。

目前，我国流域生态补偿可归结为国家直接支付、地方政府为主导、自发交易、水权交易与水费补偿四种类型。根据国内外研究成果，流域生态补偿方式呈现出多样性的特点，补偿资金主要用于保护水源和净化水质两个方面（见表 2－2）。

表 2－2　　国内流域生态补偿方式案例

案例内容	补偿方式	利益相关者	提供生态服务
北京市对密云水库和官厅水库水源地补偿（郑海霞，2006）	地方政府主导：北京政府支付 150 亿元用于上游水源地生态环境建设	北京市与河北省丰宁县	清洁水源和保持供水量
浙江省湖州市的德清县对该县西部水源涵养区进行补偿（郑海霞，2006）	自发交易：从全县水资源费中提取 10% 补偿西部水源保护区	浙江省德清全县与该县西部区域	涵养水源、保持水源供给
东阳—义乌水权交易：义乌市向东阳市购买水资源的使用权（赵连阁，2007）	水权交易：义乌市向东阳市一次性支付 2 亿元补偿资金	东阳市政府、义乌市政府	水源供给

续表

案例内容	补偿方式	利益相关者	提供生态服务
广东省曲江区对水源地农民补偿（郑海霞，2006）	水费补偿：从自来水公司与水电部门征收一定比例费用作为补偿资金	广东省的曲江区与水源地农民	涵养水源、维持水量与改善水质

（7）国内外流域生态补偿比较

我国流域生态补偿与国外环境服务付费（PWES）都立足于保护生态环境，但两者在诸多方面存在差异：①在实施理念上，我国流域生态补偿的落脚点为增强流域生态环境，国外环境服务付费目的在于满足付费者需求同时，改善生态系统环境；②在实施原则上，我国流域生态补偿坚持“谁污染谁治理，谁受益谁付费”的原则，而国外环境服务付费遵循“自愿性的受益者付费”；③在补偿对象上，国内流域生态补偿主要体现为流域内生态系统功能恢复，国外则是在流域范围内满足生态环境需求服务，侧重对下游生态环境需求行为的各种补偿；④在补偿方式上，国内流域生态补偿以政府财政转移支付为主，市场交易为辅，除了资金、技术、实物补偿等形式外，还包括政策补偿和智力补偿等，国外环境付费是由市场力量自发调节，表现为买卖双方直接协商、中介贸易、拍卖等；⑤在资金来源渠道上，国内补偿主要来源于政府财政转移支付，比较单一，国外的补偿资金呈现出多样化的特点；⑥在利益相关者参与程度上，我国的参与群体以政府和企业为主，国外参与群体范围较广，分别为政府、企业、协会、社区以及上下游居民等；⑦在补偿效果上，国内补偿太依赖政府，政府财政负担过重，导致效率低且效果不显著，而国外主要选择市场交易模式，充分实现资源优化配置，效率高且效果明显。

2.3　文献述评

流域作为一个特殊的地理单元，由于流经多个行政区域，研究其补偿机制是一个较为复杂的课题，它与经济、社会和环境等领域密切相关。流域生态补偿机制的建立必须要明确“为什么补”“谁补谁”“补多少”与“如何补”等问题以及各环节彼此间的关系。首先，在流域生态补偿相关理论的基础上，以补偿对象为载体，清晰界定补偿主客体的边界；其次，根据流域内不同地区的差异性，结合逐级补偿制度，合理确定空间补偿标准分布；最后，综合考虑流域内每个地区的特点，积极探索与之相适应的补偿模式，同时建立独立于政府的组织机构，为流域生态补偿机制有效运行提供保障。

通过已有文献综述的总结可知，国外对流域生态补偿研究较早，已经由理论应用过渡到实证研究，充分发挥着市场在补偿资金供求的有效配置作用，我国处于流域生态补偿的探索阶段，主要依靠政府财政转移支付进行补偿。国家强调生态环境保护与生态文明建设，流域水源地作为生态系统的重要组成部分，得到国家的高度重视，鼓励开展跨区域生态补偿并进行试点。目前国内诸多学者对流域生态补偿集中于利益相关者分析，生态服务价值、直接成本、机会成本、补偿意愿与补偿标准的测算，尚未形成系统、完整的体系。

(1) 流域生态补偿视角的研究

从已有成果来看，大多数研究集中于整个流域生态系统补偿，部分研究围绕水污染和水资源保护进行补偿，以流域森林这一生态系统服务补偿为视角的研究还很少。

(2) 流域生态服务外溢价值测算的研究

已有的研究成果利用森林资源的涵养水源、调节水量、净化水质与保持水土等生态服务的既定公式和市场价值法、影子工程法等静态地估算流域森林生态服务外溢价值，结合地理信息系统及其工具动态地测算流域森林生态服务外溢价值却很少见。

(3) 流域生态补偿标准的研究

流域生态补偿标准测算是建立有效流域生态补偿机制的核心，关系着生态补偿的实施效果。现阶段的流域生态补偿标准主要从成本、生态服务价值和补偿意愿三个方面进行测算，其中，基于生态服务价值和成本测算补偿标准，其补偿值分别偏大或偏小，大多数学者更倾向于利用补偿意愿确定补偿标准。条件价值评估法（CVM）是核算非市场产品价值的有效方法，其补偿意愿分为支付意愿与受偿意愿，由于受访者对同一公共物品的价值评估存在较大差异，单纯按照支付意愿（WTP）值和受偿意愿（WTA）值作为补偿标准，很难具有说服力。国内外学者只是探究两者差异形成的影响因素，两者的差异如何处理以及综合考虑支付意愿与受偿意愿确定补偿标准有待今后进一步完善。

（4）流域生态补偿方式的研究

流域生态补偿方式是生态补偿的关键，其是否合理直接关系着补偿的可行性。目前我国的生态补偿方式主要是通过政府财政转移支付实现，市场化的生态补偿创新方式较少，学者们分别提出征收生态税、水权交易与征收水资源费等市场化的补偿方式。流域上游水源地为下游提供涵养水源、净化水质、调节水量和保持水土等生态服务，使下游居民用水得到保障，提升居民基础水价作为新的市场化补偿方式却很少探究。

第3章

研究区域概况和数据来源

3.1　研究区域概况

浑河是辽河上游的重要支流，地处 122.13°E ~ 125.21°E，40.71°N ~ 42.17°N，北邻辽河，南临太子河，东邻浑江。它发源于辽宁省抚顺市清原县湾甸子镇的滚马岭，从东北向西南分别流经抚顺市的新宾县、抚顺县，沈阳市的辽中县，辽阳市的辽阳县、灯塔市，鞍山市的海城市、台安县，与太子河交汇进入大辽河，注入辽东湾，全长 415 千米，流域总面积为 11 480 平方千米。

3.1.1　自然资源

（1）气候条件

该流域属于温带大陆性季风气候区，全年四季分明、雨水集中，日照丰富。春季干燥多风沙，夏季炎热多雨，秋季晴朗温差大，冬季漫长寒冷。年均气温约在 5℃ ~ 10℃之间，夏季气温最高达到 40℃，冬季气温低至零下 35℃，最低气温≤0℃天数约为 160 ~ 200 天，且昼夜温差较大。多年平均风速在 1.5 ~ 3.8 米/秒之间，平原大于山区，最大风速多发生在四五月间，可达 20 米/秒以上。日照时数为 2 300 ~ 2 900 小时/年，无霜期普遍约为 150 ~ 180 天。由于受季风气候影响，年际间变差较大，降水空间分布不均匀，地区分布差别明显：东多西少，呈阶梯式变化，自东向西递减，其中夏季（6 ~ 8 月），夏季雨量充沛，占全年降水量的 55% ~ 70%，年均降水量达到 600 ~ 800 毫米。7 月下旬和 8 月上旬为大伙房水库以上流域的暴雨集中期，在华北气旋和东北低压倒槽的影响下，持续暴雨会使流域引发洪水。浑河发生洪水，即有单峰型又有双峰型或多峰型。根据统计，单峰型洪水占 57% 左右，双峰型或多峰型洪水占 43% 左右。单峰洪水历时 7 天左右，双峰型洪水历时 13 天左右。浑河洪水主要来源于沈阳以上的山区丘陵地带，直接给下游地区带来灾难（刘伟，2016）。

（2）地质地貌

浑河流域的东北以第二松花江与龙岗山脉为界，海拔在 300～900 米之间，主要由混合花岗岩、变质岩和火山岩构成。流域的东南部以千山山脉与鸭绿江流域为界，海拔一般在 400～800 米左右，山脊构成以花岗岩为主，在切割作用的影响下，部分地方出现断块式山地。整体来看，该流域海拔介于 300～900 米之间，平均坡度为 8.98°，山势较缓，森林茂盛，各段地质地貌存在差异，多为低山和丘陵，土壤以山地棕色和暗棕色森林土为主，土层厚度大约为 0.5～1.0 米。在冬天，最大积雪深度多在 20～36 厘米之间，最大冻土深度在 140～170 厘米之间。

（3）水资源条件

浑河是不对称水系，流域上宽下窄，呈梨形分布，东侧坡陡谷深、支流密集、水量丰富；而西侧支流少、水量小，汇流条件好，降雨与径流间关系紧密。浑河干流位于抚顺市清源县的山区，此处建有大伙房水库，其控制面积 5 437 平方千米，约为全流域面积的 46%，库容达到 22.68 亿立方米，作为国家"十三五"计划的重点建设项目，是大（I）型的控制性、综合利用水利枢纽工程。水库设计年供水量为 9.7×10^8 立方米，为工业和城市供水 4.4×10^8 立方米，灌溉面积 860 平方千米。浑河流域平原区地下水资源量主要来自河道渗漏补给，占全省地下水资源量的 19.9%，尤其大伙房水库对沿岸居民生产生活起着重要作用。

（4）森林资源概况

近年来，流域上游地区将生态环境建设、生态公益林管护放在突出位置，在科学合理经营现有森林资源的基础上，大面积营造人工林。这些措施丰富了森林资源，使上游地区森林面积为 73.21 万公顷，占辽宁省森林总面积 418.50 万公顷的 17.49%，森林覆盖率高达 66.5%，人均占有森林面积 0.97 公顷，下游地区人均森林面积 0.07 公顷，约为上游地区的 1/14。浑河流域上游公益林中水源涵养林面积为 146 200 万公顷，特征树种主要包括杨树（Poplar）、栎类林（The Quercus）、落叶松（Larix gmelinii）、红松（Pinuskoraiensis）、油松（Pinus tabuliformis）、椴树（Tilleullinden）、杉木（China fir）和阔叶混交林（Broad - leaved mixed forest），其中辽东栎（Quercus liaotungensis）和蒙古栎（Quercus mondshurica）数量多且在该区域分布较广（赵娜，2009）。浑河流域森林资源种类丰富多样，但分布不均。上游山区森林覆盖率较高，生态环境较好。近些年，随着抚顺市清原县、新宾县林业局加大造林力度，在湾甸子、大苏河等地大面积营造人工林，落叶阔叶林逐渐占有优势地位，成为重要森林类型。大伙房水库以下的下游地区由于土地的过度开发等原因，森林植被覆盖率及生态环境远不如上游山区。森林生态系统在保持水土、涵养和调节水源、改善水质、削减洪灾功能等方面发挥着重要作用。上游地区丰富的森林资源对改善流域生态环境和水资源，维护森林生态系统平衡、保障流域中下游地区社会经济稳定发展起到了重要作用。

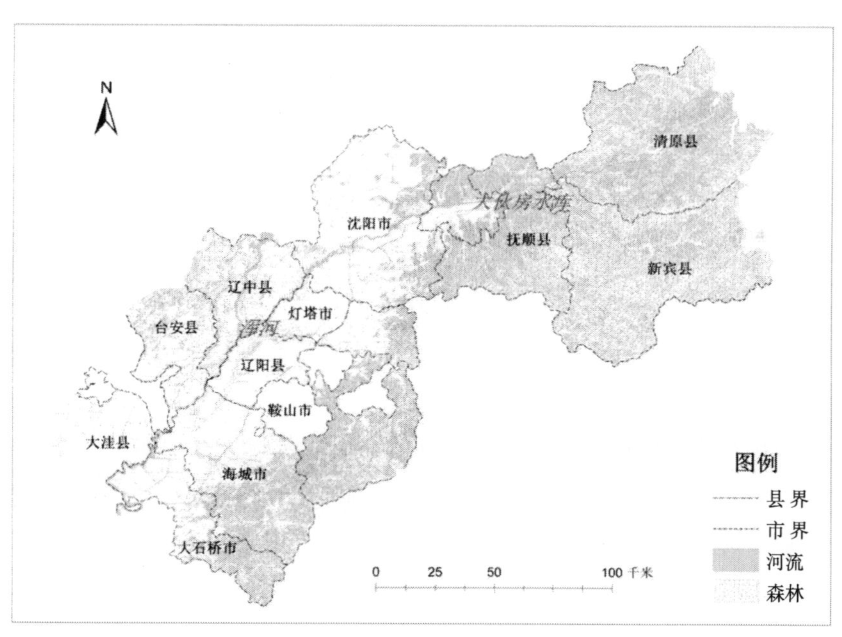

图 3 – 1　浑河流域森林资源分布

3.1.2　社会经济

浑河流域上游地区为辽宁省东部山区，是指大伙房水库水源地包括的清原县、新宾县与抚顺县，常住人口约为82万人，清原县、新宾县和抚顺县的人口数分别为33.6万人、32万人和11.6万人，其中农业人口占人口总数的73%（梁宸，2014）。2016年，上游地区生产总值为383亿元，城镇居民人均可支配收入实现18 000万元，农村人均纯收入为11 960元。

浑河流域下游地区为辽宁中部城市群（包括沈阳市、抚顺市、鞍山市和辽阳市）传统工业发达，有重要的钢铁、机械制造和化工产业。2016年，该区域人口密集，人口数量达到750万人，其中城镇人口610万人，生产总值为5 579亿元，固定资产投资4 434亿元，社会消费品零售总额2 714亿元，城镇人均可支配收入达到28 089元，约为上游地区人均收入的2.5倍。

3.2　浑河流域范围界限划分

浑河古时候被称为沈水，也被称为小辽河，是辽河上游重要支流，是辽宁省水资源最丰富的内河，位于辽宁省中东部，它承担着辽宁省中部城市群的农业、工业生产用水以及居民生活用水的任务。浑河流域发源地至大伙房水库为山区，平均海拔在400~800米之间，该区域加强森林生态环境保护与建设，森林覆盖率高达66%，水源涵养与水土保持的生态服务功能对大伙房水库水资源有重要作用。流域河道比降大，水流湍急且水量充足，使得大伙房水库能为中下游地区提供水源，起到调节水量与净化水质的作用。大伙房水库与流域的终点之间地形主要以平原为主，自然植被覆盖率较低，农业、工业与居民所需水资源均来自大伙房水库。

一般说来，流域划分依据主要为：上游河道比降大，水势湍急，水资源充足，周围主要是山区和深谷；而中下游河道开阔且比降小，水流平缓，水资源呈逐渐递减趋势，周围地形以冲击的谷地平原为主。对于浑河流域存在上中下游与上下游两种划分方法。浑河流域被划分为上中下游，其中上游是指大伙房水库以上山区段，主要涉及抚顺市清原县、新宾县和抚顺县（梁宸，2014），中游是指抚顺市区，而沈阳市区至与太子河汇合前的河段为浑河下游单元；浑河流域被划分为上下游，其中上游是指大伙房水库以上山区段，包括抚顺市清原县、新宾县和抚顺县，把抚顺市区归为下游地区。针对浑河流域范围以及划分界限，不同部门有不同界定（见表 3－1）。

表 3－1　　浑河流域范围界定与界限划分

资料来源	范围界定	划分界限
林业部门	浑河发源于辽宁省清原县湾甸子镇砍椽沟村，流经清原县、新宾县，抚顺县，抚顺市的东洲区、新抚区、顺城区、望花区，沈阳市的东陵区、和平区、于洪区、苏家屯区，辽中县，辽阳市的辽阳县、灯塔市，鞍山市的海城市、台安县	以大伙房水库为上下游划分界限。上游主要指抚顺市的清原县、新宾县和抚顺县；下游包括抚顺市的东洲区、新抚区、顺城区、望花区，沈阳市的和平区、浑南新区、苏家屯区、铁西区、沈河区、皇姑区、大东区、于洪区、沈北新区，辽中县，辽阳市的辽阳县、灯塔市，鞍山市的海城市、台安县
水利部门	浑河是辽宁省中东部的一条大型河流，发源于辽宁省东部抚顺市清原县长白山余脉龙岗山脉的滚马岭，自东北向西南流经抚顺、沈阳两市市区及抚顺、沈阳、辽阳、鞍山四市所辖的清原、新宾、抚顺、灯塔、辽阳、辽中、海城、台安 8 县（市），流域面积 11 481 平方千米，河长 386.7 千米（中国河湖大典，2014）	浑河干流上游段是指大伙房水库以上山区段，主要涉及抚顺市清原县和新宾县与抚顺县；中游为大伙房水库坝址至浑河闸，主要指抚顺市区；下游为浑河闸以下地区，由于经济发展部分已为沈阳城市段（和平区、浑南新区、苏家屯区、铁西区、沈河区、皇姑区、大东区、于洪区、沈北新区），辽中县，辽阳市的辽阳县、灯塔市，鞍山市的海城市、台安县
已有文献	浑河发源于清原县滚马岭，流经清原、新宾、抚顺、沈阳、辽中、海城、台安等市县，在三岔河与太子河汇合入大辽河。流域面积 1.22×10^4 平方千米，河长 415.4 千米（胡成，2009；赵云峰，2013）	大伙房水库以上为浑河上游单元，主要包括抚顺清原县、新宾县以及抚顺县；大伙房水库以下至抚顺市区为浑河中游单元；沈阳入市断面至与太子河汇合前的河段为浑河下游单元（胡成，2009）

根据林业部门、水利部门以及已有文献资料（胡成，2009；赵云峰，2013），浑河流域发源地是辽宁省清原县滚马岭，但其终点存在差异。由于浑河在三岔河与太子河汇合入大辽河后，被称为辽河，其并不是独立入海的河流，本书以浑河流域森林生态补偿为研究对象，依据林业部门对将浑河流域划分为上下游两个部分，将浑河流域界定为抚顺市清原县至三岔河与太子河交汇处所流经的县市，上游包括抚顺市的清原县、新宾县和抚顺县；下游包括抚顺市区、沈阳城市段、辽中县、辽阳市的辽阳县、灯塔市，鞍山市的海城市、台安县（详见表 3－2）。

表 3－2　　浑河流域服务范围界定

	服务区域	所辖地区
上游地区	清原县	清源镇、湾甸子镇、红透山镇、北山家乡、南口前镇、大苏河乡、敖家堡镇与英额门镇
	新宾县	南杂木镇、新宾镇、上夹河镇、红升乡、永陵镇、榆树乡与木奇镇
	抚顺县	上马镇、后安镇、马圈子乡、救兵乡、李家乡、汤图乡、石文镇、达柳乡、党章镇、兰山乡、哈达乡、峡河乡与拉古乡
下游地区	沈阳城市段	和平区、浑南新区、苏家屯区、铁西区、沈河区、皇姑区、大东区、于洪区与沈北新区
	抚顺市区	东洲区、望花区、新抚区与顺城区
	辽中县	辽中镇、于家房镇、朱家房镇、冷子堡镇、刘二堡镇、茨榆坨镇、新民屯镇、满都户镇、杨士岗镇、肖寨门镇、长滩镇、四方台镇、城郊乡、六间房乡、养士堡乡、潘家堡乡、老观坨乡、老大房乡、大黑岗子乡、牛心坨乡
	辽阳县	首山镇、穆家镇、兰家镇、柳壕镇、小屯镇、沙岭镇、八会镇、唐马寨镇、寒岭镇、河栏镇、小北河镇、刘二堡镇、黄泥洼镇、隆昌镇
	灯塔市	万宝桥街道、古城子街道、佟二堡镇、铧子镇、张台子镇、西大窑镇、沈旦堡镇、西马峰镇、柳条寨镇、柳河子镇、大河南镇、五星镇、鸡冠山乡
	海城市	孤山镇、岔沟镇、接文镇、析木镇、马风镇、牌楼镇、英落镇、八里镇、毛祁镇、王石镇、南台镇、甘泉镇、大屯镇、西柳镇、感王镇、中小镇、牛庄镇、腾鳌镇、耿庄镇、西四镇、高坨镇、望台镇、温香镇
	台安县	高力房镇、黄沙坨镇、新开河镇、桑林镇、韭菜台镇、新台镇、富家镇、桓洞镇、西佛镇、达牛镇

3.3　数据来源

3.3.1　资料数据

辽宁省统计局主编，《辽宁统计年鉴》（2012—2016）；《辽宁省年国民经济和社会发展统计公报》（2012—2016）；《沈阳统计年鉴》（2012—2016）

《抚顺统计年鉴》(2012—2016)《辽阳统计年鉴》(2012—2016)和《鞍山统计年鉴》(2012—2016);描述性分析浑河流域上游、下游地区社会经济发展情况。

浑河流域森林资源面积,本书借助 ArcGIS 9.3 软件,在辽宁省森林资源数据库的基础上,利用行政区界线中的省界、市界、县界与乡界确定上游清原县、新宾县与抚顺县所涉及的乡镇范围与下游辽中县、辽阳县、灯塔市、海城市与台安县五个地区范围;从地类图斑(DLTB)中,通过属性中森林类型字段,筛选出上游地区各县的公益林面积,在此基础上,提取出水源涵养林面积,而下游各地区直接分别提取森林资源面积。

(3)辽宁省水利厅与沈阳市水利局主编,《辽宁省水资源公报》和《沈阳市水资源公报》(2011—2015),用于分析浑河流域上游地区森林资源对下游地区水资源影响。

3.3.2　实地调查数据

本书使用的调查数据均来自于由沈阳农业大学经济管理学院研究生和本科生组成团队的实地调研。为了保证调研质量,分别对浑河流域上游、下游地区展开调查。

对于浑河流域上游地区调查分为预调查与正式调查两个阶段,2016 年 12 月进行预调查,预调查包括县级、乡镇、村级与农户调研四个部分。县级相关部门、乡镇与村级调研采用专家访谈和资料收集的方式,目的在于从整体层面了解林业经营与公益林补偿情况,而且便于选择具有代表性的行政村,有效简化农户调研的工作量。农户预调研选取了浑河上游地区 50 农户,通过入户调查的方式,了解农户对流域森林生态补偿的认知程度与生态补偿意愿等;针对国有林场,采用与林场负责人通过座谈的方式进行调查,由于国有林场样本量有限,林场负责人的意见具有代表性,将其个人对流域森林生态补偿的认知程度与生态补偿意愿作为个体样本信息处理。根据预调查的结果,课题组经过多次讨论,对问卷进行修改完善。2017 年 1 月开始进行为期 20 天的正式调查。由于流域清原、新宾与抚顺三县的乡镇各与行政村距水源地远近、森林资源状况、公益林比例、人均收入以及收入来源存在差异，采用分层抽样的方法选择样本，从三县选择三个乡镇，每个乡镇选择三个行政村作为样本点。为保证样本的有效性，采用入户走访、面对面的调查方式，问卷内容设计农户的切身利益。大多数农户参与性与积极性较高，共发放 346 份调查问卷，其中有效问卷 335 份，无效问卷 11 份（回答不完整 7 份，回答前后矛盾 4 份）。

调查问卷由四部分构成，第一部分是情景设计，向受访者介绍浑河流域森林资源的重要性等背景信息；第二部分是林农对流域森林生态补偿认知的调查；第三部分是调查问卷的核心内容，即向受访者询问其对浑河流域森林生态受偿意愿（WTA）；第四部分是受访者的个人基本信息，主要包括性别、年龄、受教育程度、家庭收入以及公益林比重等因素。

大伙房水库作为浑河流域上下游范围划分的界限，上游水源地森林资源对下游水资源有着重要影响。2017 年 5 月，在大伙房水库水资源管理处了解到，大伙房水库经由浑河上游源头水资源净化，仅为浑河流域下游的沈阳和抚顺两个城市居民提供生活用水，下游的辽中县、辽阳县、灯塔市、海城市与台安县仅享有其生态服务功能。

对于浑河流域下游地区调查分为预调查与正式调查两个阶段，在预调查中，调研员向受访者解释每个问题的含义并要求作答，通过受访者的反馈，发现问题设置存在的缺陷，旨在于了解浑河流域下游的沈阳市和抚顺市城镇居民对基础水价提升作为补偿方式的接受意愿影响因素与承受能力等以及浑河流域下游的辽中县、辽阳县、灯塔市、海城市和台安县的居民对维持、改善浑河流域水资源生态环境的补偿意愿及支付能力等。根据预调查的结果，课题组经过多次讨论，对问卷进行修改完善。为了确保样本具有代表性，本研究采用平均抽样方法，分别在沈阳市 9 个中心城区和抚顺市 4 个中心城区各调查 40 份问卷，共计 520 份，剔除个别受访者随意作答的问卷，有效问卷为 438 份；在下游辽中县、辽阳县、灯塔市、海城市和台安县 5 个地区各调查 90 份问卷，共计 450 份，剔除个别受访者随意作答的问卷，有效问卷为 421 份。每个地区样本数量控制在样本总量的 1/13 之内，符合样本抽样标准（Loomis and Walsh，1997）。

调查问卷由四部分构成，第一部分是情景设计，向受访者介绍浑河流域上游森林资源对水资源的重要影响等背景信息；第二部分是居民对流域森林生态补偿认知的调查；第三部分是调查问卷的核心内容，即向受访者询问其对浑河流域森林生态补偿的支付意愿（WTP）；第四部分是受访者的个人基本信息，主要包括性别、年龄、受教育程度、家庭收入、家庭用水量以及流域生态补偿政策与市场调节机制等外部环境、居民对流域水资源环境现状的满意程度与提升基础水价作为补偿方式、上游森林资源对下游水资源的影响、确保下游居民生产、生活用水安全以及推动下游地区经济发展的居民认知。

第 4 章

浑河流域森林生态补偿的利益相关者分析

为了揭示浑河流域森林生态补偿的内在机理，在实证分析前，探究浑河流域上游水源地森林资源保护与下游受益的逻辑关系尤为必要，构建上下游利益相关者森林生态补偿博弈模型，达到（保护—补偿）稳定均衡状态。

流域生态补偿是指流域受益者对保护者进行补偿，补偿方式包括资金补偿、技术补偿或是政策补偿等，这一含义与国内学者的界定在本质上是趋于一致的。流域生态补偿的实质是各利益相关者以补偿标准为核心相互合作博弈的过程。博弈论作为一种分析工具，研究的是决策者的行为发生直接相互作用时的决策以及这种决策的均衡问题。与传统的博弈论方法相比，演化博弈（Evolutionary Game）是在建立在动态分析方法上，将影响参与者的要素引入模型中，用系统论的观点探究参与者行为的演化趋势的分析方法（邓鑫洋，2016）。周永军（2014）运用演化博弈理论，建立非对称演化博弈模型，找出利益相关者的均衡。事实上，仅仅是利益相关者双方自主选择，很难实现稳定均衡。有些学者在分析上下游利益相关者选择策略的同时，引入第三方（上级政府）加以约束，才能找到最优策略（李昌峰等，2014）。

4.1　浑河流域上下游居民森林生态补偿博弈模型构建

4.1.1　流域森林生态补偿演化博弈情景设定

假设流域是一个典型的下游地区经济社会发展较快，上游地区森林生态环境建设投入力度较大的区域，它可归结为“下游获益上游受损”的补偿模式。由于上下游地区在经济社会发展和资源环境建设两者间存在利益冲突，使得流域上下游在生态补偿方面具有典型的博弈特征。为了方便研究，假设在情景设计中博弈双方分别为上游林农与下游居民。

第一，相对于下游地区来说，流域上游森林资源状况的好坏对本区域林农的生产和生活影响较小，故以牺牲生态环境为代价换取经济发展的可能性较大，容易对生态环境造成严重破坏。虽然保护流域森林生态环境会带来一定收益，但与由此损失的经济利益相比，下游地区更偏好于发展经济，而不是选择保护流域森林生态环境。上游林农在流域森林生态环境改善和建设的实施过程中采取的策略为保护或不保护。

第二，相对于上游地区来说，下游地区居民的生产和生活与上游地区流域森林生态环境密切相关，甚至还受上游林农行为的影响，故下游居民对森林生态环境的诉求要高于上游，对生态环境保护产品的支付意愿较高。下游居民在流域森林生态环境改善和建设的实施过程中采取的策略为补偿与不补偿。

第三，流域上游林农与下游居民的目的在于实现利益最大化，而保护—补偿是最优策略。

4.1.2 变量设定及支付矩阵

按照上游林农与下游居民采取不同策略所得到不同收益，设置以下变量：P 为上游林农采取不保护策略而得到的收益，也就是原有收益；P_1 为上游林农实施流域森林生态环境保护策略后，获得的生态效益；C_1 为流域上游采取生态环境保护所投入的直接成本；C_2 为流域上游采取生态环境保护所丧失的机会成本；D 为下游对上游的森林生态补偿金额；U_1 为下游居民在上游采取保护森林生态环境的策略后，获取的正外部收益；U_2 为下游居民在上游采取不保护森林生态环境的策略时获取的收益。

流域上游林农与下游居民实施森林生态补偿旨在于保护森林资源的同时，实现流域生态环境收益最大化。假设流域上游林农与下游居民民彼此了解对方的策略与收益函数，这就是完全信息条件下的静态非合作博弈（李燕，2017）。通过流域上游林农与下游居民的收益函数，能够建立博弈双方的收益矩阵进行分析（见表 4 - 1）。

表 4－1　　流域上游林农与下游居民的收益矩阵

上游林农	下游居民	
	补偿	不补偿
保护	$(P+P_1-C_1-C_2+D,\ U_1+U_2-D)$	$(P+P_1-C_1-C_2,\ U_1+U_2)$
不保护	$(P+D,\ U_2-D)$	$(P,\ U_2)$

4.2　流域上游林农与下游居民森林生态补偿演化稳定策略分析

假设上游林农选择“保护”策略时的比例为 x，而 1－x 为选择“不保护”策略的比例。当 x＝0 时，上游林农采取不保护策略；当 x＝1 时，上游林农选择保护策略。y 为流域下游居民选择“补偿”策略时的比重，则 1－y 为选择“不补偿”策略的比重。当 y＝0 时，下游居民选择不补偿策略；当 y＝1时，选择补偿策略。上游林农采取保护和不保护策略的期望收益分别为 U_{11} 和 U_{12}，上游的平均收益为 $\overline{U}_1$，那么：

$$U_{11}=y(P+P_1-C_1-C_2+D)+(1-y)(P+P_1-C_1-C_2) \quad (4.1)$$

$$U_{12}=y(P+D)+(1-y)P \quad (4.2)$$

$$\overline{U}_1=xU_{11}+(1-x)U_{12} \quad (4.3)$$

上游林农选择保护策略的复制动态方程为：

$$F(x)=\frac{dx}{dt}=x(U_{11}-\overline{U}_1)=x(1-x)(P_1-C_1-C_2) \quad (4.4)$$

下游居民采取补偿和不补偿策略的期望收益分别为 U_{21} 和 U_{22}，下游的平均收益为 $\overline{U}_2$，那么：

$$U_{21}=x(U_1+U_2-D)+(1-x)(U_2-D) \quad (4.5)$$

$$U_{22}=x(U_1+U_2)+(1-x)U_2 \quad (4.6)$$

$$\overline{U}_2=yU_{21}+(1-y)U_{22} \quad (4.7)$$

下游居民选择补偿策略的复制动态方程为：

$$F(y)=\frac{dy}{dt}=y(U_{21}-\overline{U}_2)=y(1-y)(-D) \tag{4.8}$$

根据式（4.4）和式（4.8）构成的博弈动态复制系统，最优策略（保护—补偿）是否可以演进为稳态状态。

博弈系统稳定状态可通过 Friedman（1991）提出雅克比（Jacobi）矩阵局部均衡点的稳定分析方法检验，雅克比矩阵为：

$$J=\begin{bmatrix}\frac{\partial F(x)}{\partial x},\frac{\partial F(x)}{\partial y}\\ \frac{\partial F(y)}{\partial x},\frac{\partial F(y)}{\partial y}\end{bmatrix} \tag{4.9}$$

行列式为：
$$\det.J=\frac{\partial F(x)}{\partial x}\frac{\partial F(X)}{\partial y}-\frac{\partial F(x)}{\partial y}\frac{\partial F(y)}{\partial x} \tag{4.10}$$

即：
$$tr.J=\frac{\partial F(x)}{\partial x}+\frac{\partial F(y)}{\partial y} \tag{4.11}$$

按照 Friedman 的思想，假设（x，y）为稳定均衡策略，那么相应的 $\det.J>0$，$tr.J<0$。假设策略（保护—补偿）为稳定状态，将（$x=1$，$y=1$）代入方程，即

$$\begin{cases}\det.J=(p_1-c_1-c_2)D\\ tr.J=p_1-c_1-c_2+D\end{cases} \tag{4.12}$$

因为 $D>0$，根据 $\det.J>0$、$P_1-C_1-C_2>0$，可知 $tr.J>0$，得出方程组无解。也就是说，仅上游林农与下游居民自主选择，实现稳定均衡（保护—补偿）是不可能的。所以，要引入第三方（上级政府）加以约束，通过建立约束机制来保证流域森林生态补偿顺利实施。

4.3 引入约束机制后的流域森林生态补偿演化博弈模型

通过上述分析，流域上游林农与下游居民实现稳定均衡（保护—补

偿），必须由上级政府进行监督，从而引入约束机制，具体为：如果上游采取保护策略，而下游却没对其补偿，则上级政府应对下游进行经济惩罚；如果下游采取补偿策略，而上游没有保护森林生态环境，则上级政府应对上游进行经济惩罚（孙琳，2016）。假设上游保护而下游没有补偿或者上游保护而下游没补偿，则上游林农或下游居民都会受到惩罚，用 T 表示（见表 4－2）。

表 4－2　在约束机制下上游和下游收益矩阵

上游林农	下游居民	
	补偿	不补偿
保护	$(P+P_1-C_1-C_2+D,\ U_1+U_2-D)$	$(P+P_1-C_1-C_2,\ U_1+U_2-T)$
不保护	$(P+D-T,\ U_2-D)$	$(P,\ U_2)$

上游林农选择森林生态保护策略的复制动态方程为：

$$F_1(x)=\frac{dx}{dt}=x(U_{11}-\overline{U}_1)=x(1-x)(yT+P_1-C_1-C_2) \quad (4.13)$$

下游居民选择森林生态补偿策略的复制动态方程为：

$$F_2(x)=\frac{dy}{dt}=y(U_{21}-\overline{U}_1)=y(1-y)(xT-D) \quad (4.14)$$

通过式（4.13）和式（4.14）共同构成上下游利益关系博弈的动态复制系统，其局部均衡点组成演化博弈均衡。根据上文分析可知，该系统共有 5 个局部均衡点，分别为：（0，0）、（0，1）、（1，0）、（1，1）和（x_D，y_D）。局部均衡点的稳定性可以由该系统的雅克比矩阵分析得出（Friedman，1998）。雅克比矩阵为：

$$J=\begin{bmatrix}(1-2x)(yT+P_1-C_1-C_2), & Tx(1-x)\\ Ty(1-y), & (1-2y)(xT-D)\end{bmatrix} \quad (4.15)$$

各个局部均衡点的行列式值和迹可代入该复制系统的雅克比矩阵求得（见表 4－3）。

表 4-3　局部均衡点的行列式值和迹

平衡点	det. J	tr. J
(0, 0)	$D(C_1+C_2-P_1)$	$P_1-C_1-C_2-D$
(0, 1)	$D(T+P_1+C_1+C_2)$	$T+P_1+D-C_1-C_2$
(1, 0)	$(D-T)(C_1-C_2-T-P_1)$	$C_1+C_2-P_1-D$
(1, 1)	$(D-T)(T+P_1-C_1-C_2)$	$D+C_1+C_2-P_1-2T$
(x_D, y_D)	0	0

在5个平衡点中，只有点（1，1）是稳定的，为演化稳定策略（ESS），即上下游居民采取策略（保护—补偿）为演化博弈模型的最优解。

令 $F_1(x)=\frac{dx}{dt}=0$、$F_2(x)=\frac{dy}{dt}=0$，得到在平面 $S=\{(x,y);0\leqslant x,y\leqslant 1\}$ 上，博弈关系的5个平衡点为：O（0，0）、A（0，1）、B（1，0）、C（1，1）和鞍点 D（x_D，y_D）。其中，

$$x_D=\frac{D}{T} \tag{4.16}$$

$$y_D=\frac{P_1-C_1-C_2}{T} \tag{4.17}$$

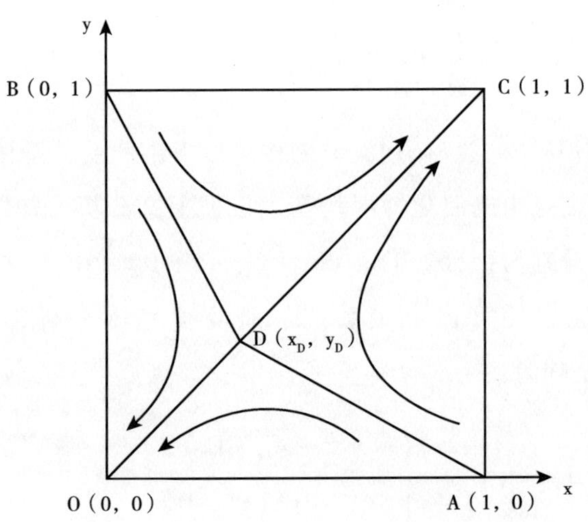

图 4-1　上游、下游利益相关者演化相位图

图 4-1 描述了流域上游林农与下游居民相互博弈的动态过程。其中，A、

B 两个不稳定平衡点与鞍点 D 连成的折线为系统收敛于不同状态的临界线。在折线右上方（区域 ACBD）系统收敛于（保护—补偿），上游林农与下游居民形成完全的合作关系；在折线左下方（区域 AOBD）系统将收敛于（不保护—不补偿），说明上下游居民完全不合作。

由此可知，流域上游林农与下游居民长期博弈的最终结果为完全合作或完全不合作，这种演化趋势沿着哪条路径发展，主要受区域 ACBD 和区域 AOBD 面积大小的影响。如果 $S_{ACBD} > S_{AOBD}$，系统会沿着 DC 方向演化，说明博弈双方合作概率较大；如果 $S_{ACBD} < S_{AOBD}$，系统会沿着 DO 方向演化，说明博弈双方合作概率较大；如果 $S_{ACBD} = S_{AOBD}$，说明系统的演化方向还未确定。

当 $F_1(x) = 0$ 时，$x = 0$，$x = 1$。$F_1'(x) = (1 - 2x)(yT + P_1 - C_1 - C_2)$，

当 $y > y_D = \frac{P_1 - C_1 - C_2}{T}$ 时，$F_1'(1) < 0$，则上游林农选择保护策略达到稳定状态。

同理，$F_2'(x) = (1 - 2y)(xT - D)$，当 $x > x_D = \frac{D}{T}$ 时，$F_2'(1) < 0$，则下游居民选择保护策略达到稳定状态。

根据图 4－1 可知，当 $x > \frac{D}{T}$，$y > \frac{P_1 - C_1 - C_2}{T}$ 时，系统将沿着 DC 路径向右上方移动，使得折线右上方（区域 ACBD）系统逐渐收敛于（保护—补偿），即上游林农与下游居民向全面合作方向演化，最终形成稳定均衡状态。

将稳定均衡点（$x = 1$，$y = 1$）代入，即

$$\begin{cases} \det. J(1,1) = (T + P_1 - C_1 - C_2)(T - D) > 0 \\ tr. J(1,1) = -(T + P_1 - C_1 - C_2 + T - D) < 0 \end{cases} \tag{4.18}$$

成立，对式（4.18）求解，得出上级部门对上、下游的惩罚金额 T 值的范围为：

$$\begin{cases} T > C_1 + C_2 - P_1 \\ T > D \end{cases} \tag{4.19}$$

$C_1 + C_2 - P_1$ 可视为上游林农选择保护策略失去的经济利益；D 可视为对

上游林农损失的生态补偿值。由式（4.19）可知，惩罚金额 T 必须大于$C_1+C_2-P_1$和 D 两者中的最大值，才能实现上游林农与下游居民利益均衡，确保浑河流域森林生态补偿顺利进行。

4.4 本章小结

本章基于构建演化博弈理论模型，讨论了浑河流域上游林农与下游居民的逻辑关系，通过分析可以得出结论：

第一，上游在收益大于保护成本的前提下，无论下游是否补偿，上游都有保护流域森林生态环境的意愿。倘若收益小于保护成本，上游的占优策略为不保护，引入约束机制尤为必要。故上游林农与下游居民的保护和补偿行为必须有上级政府的“约束机制”作为保障，森林生态补偿才能实现“均衡”，即效用最大化。

第二，为了使流域森林生态补偿有序进行，在上游选择保护环境策略与下游实施补偿的情况下，上级政府监督处罚的同时，坚持“谁受益谁补偿”的原则，扩大补偿范围，实现补偿主体与客体参与广泛化和多元化以及补偿资金多渠道化，充分调动上游林农改善流域森林生态环境的积极性。浑河流域上游林农与下游居民博弈分析，明确了上游林农与下游居民的“权责利”，为后续浑河流域森林生态补偿实证分析提供了理论支撑。

第 5 章

浑河流域上游森林生态系统服务空间流转价值测算

本章以森林生态服务空间流转为视角，通过界定流域森林生态服务功能流转类型，对浑河流域上游与下游各地区的森林生态服务价值进行测算，通过流域森林生态服务价值空间流转模型，得到上游向下游各地区空间流转的森林生态服务价值，为下游向上游补偿提供依据。

流域生态服务功能是生态补偿的基础，生态补偿是完善生态服务功能的保证。Brouwer（2000）认为，传统的补偿标准测算方法以静态评估为主，不能动态地测算生态服务功能价值，他在环境价值转移的研究现状和潜在应用价值的基础上，提出了合理的研究路径与方法。由于流域生态系统提供的“服务功能”是动态的，其价值在空间范围通过某种媒介发生流动、传递，这就意味着某一特定区域提供的生态服务价值发生空间转移，对其他区域产生不同层次、不同大小的效用（徐梦月等，2012）。Troy（2006）以美国三个州为例，借助 GIS 工具，对生态服务价值的空间差异性分布及空间转移进行了分析。范小杉等（2007）以北京市门头沟区森林植被对城区净化大气、防风固沙生态服务功能较为典型，通过构建生态资产空间转移评价技术模型，对向城区流转的生态资产进行评价。有些学者选取渭干河流域为研究对象，借助 GIS 平台，测算出流域上游向下游地区空间转移的生态服务价值（乔旭宁，2011）。陈江龙（2014）以南京市为例，根据保护型的主功能区对开发区提供的生态系统服务价值，计算出各保护区所得补偿金比例。从已有成果来看，大多数研究集中于整个流域生态系统服务价值评估，针对流域某一具体生态服务价值测算的定量研究较少。本章首先对森林生态系统服务价值由全国范围调整到研究区域范围，分别测算浑河流域上下游森林生态服务价值，借助 ArcGIS 9.3 软件的 Buffer 与 Intersect 分析工具和断裂点公式测算出浑河上游向下游空间流转的森林生态服务价值。

5.1　浑河流域森林生态服务功能流转类型的界定

在国内外学者对生态服务功能流转类型界定的基础上，可知生态系统不同服务功能的流转范围、影响因素与流转特征（表 5 - 1）。森林生态系统的大气调节、气候调节、水调节、涵养水源、保持水土、养分循环等服务功能发生空间转移，而流域森林资源作为生态服务功能间转移的载体，其涵养水源（净化水质、调节水量）与保持水土两项功能不仅发生转移，且具有随着区域空间距离增大而递减的特征（Groot，2002）。

表 5 - 1　生态系统不同服务功能的流转范围、影响因素及特征

生态系统服务功能	流转范围/千米	影响因素	流转特征
大气调节	$10^2 \sim 10^4$	O_2、CO_2、SO_2等间的平衡	以大气为介质，在流转中衰减
气候调节	$10 \sim 10^3$	反照系数、热容等性质	以大气为介质，在流转中面状衰减
水调节	$10 \sim 10^2$	局部气候等因素	以大气和河流为介质，按面状和线状逐渐衰减
土壤形成	—	动植物、微生物、自然力	基本不发生流转和衰减
涵养水源	$10 \sim 10^2$	森林植被、土壤等	按线状流转
保持水土	10^2	植物根系和森林植被	以土壤植被为介质，按面状逐渐衰减
净化水质	$10 \sim 10^2$	水、植被自身的生化和物化	以水、森林、土壤为介质，面状逐渐衰减
调节水量（灾害预防）	$10 \sim 10^2$	植被结构影响洪水暴雨的损害程度	按面状和线状逐渐衰减
养分循环	10^3以上	C、N、S、P 等生命营养物	不规则传递，但基本无衰减
传粉	$10^{-2} \sim 10^2$	大气、水或昆虫	在域内外不规则流转
生物控制	10^3	系统内部的各因子	在流转中不发生明显的衰减

5.2　流域森林生态系统服务价值计算

森林生态系统主要具有气体调节、气候调节、涵养水源、土壤形成与保护等多项服务功能，但流域范围内森林生态服务功能尚未明确。依据流域森林生态服务功能流转类型的界定，本书将流域森林生态服务功能限定为涵养水源（净化水质、调节水量）与保持水土两项功能，结合浑河流域森林植被分布情况，对森林生态系统服务价值由全国范围调整到县域范围，得到浑河流域森林生态服务总价值，利用断裂点公式，最后测算出浑河上游向下游各市县流转的生态服务价值。

根据“辽宁省八次国家森林资源清查”，浑河流域所辖区域森林资源主要为栎类林、落叶松、红松、油松、椴树、杨树、杉木和阔叶混交林（表 5 – 2）。在参考方精云等（1996）的研究成果基础上，结合浑河流域不同森林类型的生物量（表 5 – 3、表 5 – 4），计算出浑河流域上下游地区森林资源的净初级生产力。

表 5 – 2　　浑河流域森林资源现状　　单位：公顷

	流经区域	栎类林	落叶松	红松	油松	椴树	杨树	杉木	阔叶混交林	总计
上游地区	清原县	32 148.21	13 938.02	847.38	1 191.99	345.60	410.91	336.20	2 361.99	51 580.30
	新宾县	29 195.36	12 741.25	237.05	1 731.67	297.36	190.34	175.80	5 149.40	49 718.23
	抚顺县	22 978.69	10 794.79	218.63	4 410.64	541.40	270.51	437.20	6 010.30	45 662.17
	小计	75 322.26	22 404.06	1 303.06	7 334.30	1184.36	871.76	949.20	13 521.69	146 960.70
下游地区	沈阳城市段	3 154.14	949.56	219.69	5 588.15	24.14	6 710.01	21.24	26.18	16 693.11
	抚顺市区	1 812.17	7 983.92	503.42	2 190.58	1.62	607.84	17.03	13.23	13 129.81
	辽中县	1 355.40	11 346.55	21.58	12.67	—	4 381.79	3.45	67.16	17 188.60
	辽阳县	2 623.68	9 705.97	165.31	936.70	1 137.56	3 450.14	0.98	136.47	18 156.81
	灯塔市	10 333.37	1 493.31	90.34	2 266.30	—	1 350.02	5.87	1 268.68	16 807.89
	海城市	4 180.09	1 829.90	30.31	8 519.82	394.83	3 161.51	1.07	54.59	18 172.12
	台安县	5 621.45	—	—	398.03	6.13	9 527.13	—	198.73	15 751.47
	小计	29 080.30	33 309.21	1 030.65	19 912.25	1 564.28	29 188.44	49.64	1 765.04	115 899.81

表 5 – 3　　中国不同森林类型单位面积生态服务价值　　单位：万元/公顷

森林类型	涵养水源价值		保持水土价值	单位面积总价值
	水量调节价值	净化水质价值		
栎类林	0.76	0.57	0.26	1.59
落叶松	0.87	0.58	0.26	1.71
红松	0.87	0.58	0.26	1.71

续表

森林类型	涵养水源价值		保持水土价值	单位面积总价值
	水量调节价值	净化水质价值		
油松	0.87	0.55	0.26	1.68
椴树	0.76	0.51	0.28	1.55
杨树	0.75	0.43	0.28	1.46
杉木	0.73	0.63	0.26	1.62
阔叶混交林	0.76	0.63	0.27	1.66
合计	7.13	5.26	2.41	14.8
平均	0.79	0.58	0.27	1.64

数据来源：栎类林、杨树、杉木、阔叶混交林的数据来自白杨、欧阳志云等（2011）的研究成果，落叶松、红松、油松、椴树的数据均来自张志旭（2013）的研究成果。

表 5-4　　中国各类森林的生物生产力

森林类型	总面积 ($10^4 hm^2$)	总蓄积量 ($10^6 m^3$)	平均生物量 (t/hm^2)	总生物量 ($10^6 t$)	平均生产力 ($t/hm^2 \cdot a$)	总生产力 ($10^6 t/a$)
栎类林	1 551.56	1 101.97	90.48	1 403.79	8.85	137.31
落叶松	938.80	940.07	102.60	963.22	12.48	117.14
红松	62.81	91.31	93.59	58.79	12.64	7.94
油松	206.14	55.43	25.36	52.39	3.60	7.42
椴树	44.53	50.72	94.46	42.07	8.85	3.94
杨树	545.47	246.21	52.04	283.87	10.43	56.89
杉木	384.69	904.63	156.66	602.65	11.28	43.39
阔叶混交林	1 157.03	1 038.01	147.05	1 701.45	10.43	120.68

数据来源：方精云等（1996）的研究成果。

本书选取生物生产力中第 i 种森林类型的 NPP_i 与所有森林类型的 NPP 平均值的比值对森林生态系统服务功能性系数 K_i 进行动态调整（李晓赛，2015）（见表 5-5），如下：

$$K_i = NPP_i / NPP_{mean} \tag{5.1}$$

式中：NPP_i 表示第 i 种森林类型的经净初级生产力值，NPP_{mean} 表示所有森林类型的净初级生产力的平均值。

表 5-5　浑河流域不同森林类型生物量（x）与净初级生产力（y）之间的函数关系

森林类型	函数表达式	生物量（x）	净初级生产力（NPP，y）	功能性调整系数（K_i）
栎类林	y = 8.85	—	8.85	0.83
落叶松	y = -0.018x + 14.294	98.74	12.52	1.18
红松	y = -0.018x + 14.294	76.15	12.92	1.21
油松	1/y = 5.71/x + 0.047	102.78	9.71	0.91
椴树	y = 8.85	—	8.85	0.83
杨树	1/y = 12.092/x + 0.048	268.71	10.75	1.01
杉木	y = 11.28	—	11.28	1.06
阔叶混交林	y = 0.208x + 1.836	49.54	10.22	0.98

数据来源：函数表达式均参照方精云等（1996）的研究成果。

根据森林生态系统服务功能性调整系数，通过式（5.2）得到森林生态系统服务总价值（表 5-6）。

$$V = \sum_{i=1}^{n} \sum_{j=1}^{m} S_j E_{ij} K_i \tag{5.2}$$

V 为森林生态服务价值；i 为森林生态服务功能类型，j 为森林类型；S_j 为第 j 类森林面积；E_{ij} 为第 j 类森林提供的第 i 类生态服务价值，K_i 为功能性调整系数。

表 5-6　浑河流域生态服务总价值　单位：万元/公顷

	流经区域	涵养水源价值		保持水土价值	总价值
		水量调节价值	净化水质价值		
上游地区	清原县	38 972.23	27 947.34	12 676.54	79 596.11
	新宾县	37 420.17	27 070.67	12 227.58	76 718.42
	抚顺县	34 660.15	24 969.51	11 296.12	70 925.78
	小计	111 052.55	79 987.52	36 200.24	227 240.31
下游地区	抚顺市区	12 088.13	8 055.43	3 697.67	23 841.23
	沈阳城市段	12 753.85	8 021.12	4 279.24	25 054.21
	辽中县	15 908.00	10 375.08	5 041.30	31 324.38
	辽阳县	15 968.23	10 787.93	5 094.06	31 850.22
	灯塔市	11 912.75	8 481.94	3 971.81	24 366.50

续表

	流经区域	涵养水源价值		保持水土价值	总价值
		水量调节价值	净化水质价值		
下游地区	海城市	13 977.81	9 090.02	4 489.37	27 557.21
	台安县	11 229.81	7 121.65	4 055.56	22 407.02
	小计	93 838.58	61 933.17	30 629.01	186 400.77

5.3 浑河流域上游森林生态服务空间流转价值测算

森林生态系统的物质交换、能量流动、功能流转在流域生态环境中发挥着重要作用。其中，森林枝叶遮挡降雨对土壤的冲刷，使其保水能力增加；根系除吸收自需水分外，增加土壤下渗，吸附、降解重金属等污染物，还可以截流降水，蓄积洪峰水量并缓减或避免洪水对流域下游的威胁（韩永伟，2010）。这些服务功能在空间作用力的影响下发生转移，直接关系到下游的生态环境。流域森林生态系统服务主要以水或土壤物等生态因子为介质，通过服务功能流转对不同区域产生效用且随着生态空间距离增加而衰减。在地理学中，通常引入物理学中的引力模型及断裂点和场强等变形公式解释距离衰减原理并计算生态服务功能空间转移价值。本章借助断裂点公式计算转出地（上游地区）与转入地（下游地区）之间的距离，建立模型计算两区域的流域森林生态服务功能空间转移价值。

5.3.1 浑河流域上游地区森林生态服务空间流转面积

森林生态服务价值空间转移的断裂点：

$$A_{ij} = \frac{D_{ij}}{1 + \sqrt{V_j / V_i}} \tag{5.3}$$

式中：i 为流域森林生态服务价值转出地（上游地区）；j 为流域森林生态服务价值转入地（下游地区）；A_{ij}为转出地森林生态环境核心点到断裂点间的距离；D_{ij}为转出地与转入地之间核心点距离；V_i、V_j 分别为转出地与转入地森林生态服务价值。

康弗斯（1949）提出断裂点概念及计算方法，根据式（5.3）可计算出上游地区生态服务价值的流转半径，通过利用 ArcGIS 9.3 的 Buffer 功能，确定上游地区分别对下游各市县的辐射范围，借助 ArcGIS 9.3 的 Intersect 分析工具，计算出上游地区对下游的流转面积。经计算，上游对下游的流转总面积为 8 131.27 平方千米，其中，抚顺市区、沈阳城市段市、辽中县、辽阳县、灯塔市、海城市与台安县的流转面积分别为 1 096.21 平方千米、1 971.35 平方千米、744.07 平方千米、1 132.87 平方千米、1 175.60 平方千米、1 231.43 平方千米与 779.74 平方千米。

5.3.2　浑河流域上游地区与下游各地区相对距离

由于转出地森林生态服务功能对转入地会发生空间转移，呈现出“随距离增加逐渐衰减”的特点。为了测算流域内转出地对转入地的森林生态服务价值并便于综合比较，通过固定距离加权函数对式（5.4）的 D_{ij} 加以修正，进一步引入指数距离衰减函数：

$$P_{ij} = e^{-D_{ij}/H} \tag{5.4}$$

式中：P_{ij}为转出地与转入地间的指数衰减距离；H 为转出地 i 与各转入地 j 之间的最大距离。

在式（5.4）的基础上，可以得到转出地向转入地空间转移的森林生态服务价值公式（5.5）。

$$A_o = \frac{e^{-D_{ij}/H}}{1 + \sqrt{V_j/V_i}} \tag{5.5}$$

式中：A_o 为转出地生态环境核心点到断裂点的距离。

由式（5.5），可得到各转入地的界线和范围，借助 ArcGIS 9.3 的 Near 工具测算出各转入地之间的相对距离 D_{ij}（表 5－7）。

表 5-7　　浑河流域上游地区与下游各地区相对距离　　单位：千米

流经区域	上游地区	抚顺市区	沈阳城市段	辽中县	辽阳县	灯塔市	海城市	台安县
上游地区	—	71.20	105.15	124.04	151.14	126.13	195.62	197.51
抚顺市区	71.20	—	58.42	78.45	96.16	103.40	148.59	114.84
沈阳城市段	105.15	58.42	—	62.70	84.02	45.24	121.33	98.95
辽中县	124.04	78.45	62.70	—	65.73	47.56	80.56	37.01
辽阳县	151.14	96.16	84.02	65.73	—	38.82	44.50	71.76
灯塔市	126.13	103.40	45.24	47.56	38.82	—	77.69	73.19
海城市	195.62	148.59	121.33	80.56	44.50	77.69	—	63.53
台安县	197.51	114.84	98.95	37.01	71.76	73.19	63.53	—

5.3.3　浑河流域上游地区森林生态服务价值转移量

根据式（5.6）得出上游地区向下游各市县空间流转的森林生态服务价值量（表 5-8）。

$$V_{ij} = P_{ij}\frac{V_j}{D_{ij}^2}S \quad (5.6)$$

式中：V_{ij}为从上游地区到下游转移的生态服务价值总量；D_{ij}为上游地区核心点与下游地区核心点间的距离；S 为转移的生态服务辐射面积；由于受森林等介质的影响，P_{ij}一般取值为 0.6（范小杉等，2007）。

表 5-8　　浑河流域上游向下游流转的森林生态服务价值　　单位：万元

抚顺市区	沈阳城市段	辽中县	辽阳县	灯塔市	海城市	台安县	总价值
3 118.51	2 680.26	908.92	947.73	1 080.36	532.07	268.72	9 536.57

从表 5-8 可以看出，与下游其他市县相比，距离浑河流域上游地区最近的抚顺市区和沈阳城市段得到上游森林生态服务空间流转价值量最高，分别为 3 118.51 万元与 2 680.26 万元，而距离上游地区较远的台安县得到森林生态服务功能流转价值量最少为 268.72 万元。总体来看，浑河流域下游各地区从上游地区得到的森林生态服务价值量随着空间距离的增大呈递减规律。

5.4　本章小结

本章以浑河流域森林生态补偿为研究对象，基于森林生态服务价值空间转移原理测算出上游向下游各地区空间流转的森林生态服务价值，这种森林生态服务功能动态评估方法为合理确定森林生态补偿标准提供依据。主要结论如下：

第一，浑河流域森林生态服务价值总量为 413 641.08 万元，上游与下游生态服务价值分别为 227 240.31 万元与 186 400.77 万元。在森林资源作为介质的作用下，上游除了满足自身森林生态服务功能外，向下游空间转移的总价值为 9 536.57 万元。

第二，浑河流域森林生态服务价值转移量受两区域间相对距离、流转面积等因素影响，随着距离上游地区空间距离增加而减少，与“距离衰减原理”相一致，其中，抚顺市区得到空间流转价值最高为 3 118.51 万元，其次是沈阳城市段得到空间流转价值为 2 680.26 万元，台安县得到空间流转价值最低为 268.72 万元。

第6章

浑河流域上游森林生态服务空间流转价值对水资源的影响

——以沈阳市城市段为例

浑河流域上游森林生态系统的净化水质、调节水量等涵养水源与保持水土的生态服务在一定的空间范围发生流转。本章以沈阳城市段为例，利用通径分析方法，旨在探究流域上游森林生态服务空间流转价值对沈阳城市段水资源的影响，进一步阐明流域上游森林资源与下游水资源的关系。

城市化进程加快和人口快速增长给生态环境系统带来巨大压力，尤其是中国许多地区水资源的供应和质量受到短缺和污染的威胁越来越大，人均用水量不足世界人均水平的 25%。据水利部统计，全国 655 个城市有 400 多个城市，缺水量为 0.16 亿立方米/天。由于经常干旱，极端气候变化，超过 50% 的河流和湖泊受到污染，供水不足变得越来越严重（廖显春，2016 年）。

森林是全球生态系统的主体，森林生态系统服务主要包括涵养水源、保持水土、气候调节与释放氧气等功能（李文华等，2001），其生态服务功能对水资源的影响已得到国内外学者共识（赵同谦，2004），但森林与水之间的关系仍然存在争议：森林不仅可以最大限度地提高水量，还可以调节季节性流量，改善水质。尽管森林不会显著增加下游水量，但森林覆盖上流域确保供水和提供优质水的关键作用已得到证实（Bruijnzeel，2004；Calder，2007；Albert et al，2007）。流域沿岸森林资源是一个临时“蓄水池”，其作为水源涵养量与水环境化学物质变化最敏感的载体，分析流域尺度的生态水文过程，有益于探讨流域水资源供给量与水质演化（彭焕华，2011）。目前，国内外森林水文效应研究大致采用水文事件模型分析、小流域原型对比试验与大中时空尺度水文特征量统计分析等方法研究其影响因素。森林与水资源循环之间存在着紧密联系，森林通过林冠层、枯枝落叶层涵蓄降水、土壤层调节地表地下径流，影响水资源循环，达到保持水土流失与改善水质的目的（周金星等，2002）。卜红梅等（2010）以汉江上游金水河为例，利用具有代表性集水区的年降水量、不同森林类型面积以及林冠截留率等数据，测算了森林生态系统的水源涵养量，并通过监测、现场采样、对比分析的方法，得出流域阔叶林森林生态系统能够降低大气降水中 TDS、HCO_3、SO_4、NO_3、NH_4-N、NO_3-N 等的含量，起到净化水质的作用。森林资源对水资源的作用是综合、动态过程，而流域内上游地区森林生态服务功能与下游地区水资源的关系是一个重要问题却很少受到关注。

沈阳市长期存在“水质性缺水”及严重浪费的问题，由于水资源时空分布与生产力布局间矛盾突出，人均水资源占有量为341立方米，分别为全省和全国人均占有量的2/5和1/6，是我国40个严重缺水城市之一（武云甫等，2002）。浑河作为沈阳的母亲河，上游地区森林资源覆盖率达66.5%，其涵养水源（净化水质、调节水量）与保持水土的生态服务维持枯水季节的水流和清洁水供应，对下游沈阳城市段所需水量维持、增加和水质改善发挥着至关重要的作用。

已有文献仅仅分析了流域上游森林对水资源的直接影响，其间接影响无法进一步分析。路径分析为研究上游森林对下游水资源的直接和间接影响提供了有效的方法。1972年，路径分析方法由美国学者Wright最先提出。路径分析（Path Analysis）也被称为通径分析，是用于分析变量间的相互关系、自变量对因变量的影响程度及作用方式的多元统计技术（叶剑平等，2006）。与多元回归分析使各自变量对因变量的作用不能直接比较相比，通径分析不仅能够解释自变量对因变量的直接作用，还能估计出自变量对因变量的间接作用（李焕等，2011）。因此，本章将讨论上游森林生态服务价值对下游水资源的重要性，采用通径分析方法，分析浑河流域上游森林生态服务空间转移价值对下游沈阳市水资源的直接作用和间接影响。

6.1 沈阳城市段水资源影响因素选择

森林与水的关系十分复杂，但森林生态系统对水资源的影响大致可归结为水量调节与水质净化两个方面。水量调节是通过森林植被对洪水蓄积和径流补给作用进而对水资源再分配来实现（饶恩明等，2014）；水质改善是通过森林对河流悬移质含量、水温、溶解氧（DO）、病原体含量以及化学成分的影响来实现（施立新等，2000）。此外，流域上游森林生态服务对下游水资源的重要影响不可忽视。本书将浑河上游森林资源的水源涵养与保持水土的空

间流转价值 X_1（亿元）作为重要因素，从水量与水质两方面选取地表水与地下水 X_2（亿立方米）、化学需氧量 X_3（万吨）与水质达标率 X_4（%），共同构成影响沈阳城市段供水量 Y（亿立方米）的指标体系（见表 6－1）。

表 6－1　　2011～2015 年沈阳城市段供水量影响因子

年份（年）	森林生态服务空间流转价值（万元）	地表水与地下水（亿立方米）	化学需氧量（万吨）	水质达标率（%）	供水量（亿立方米）
2011	2 426.60	46.40	0.95	94.86	28.40
2012	2 433.10	45.44	0.94	95.89	28.43
2013	2 532.10	47.71	0.93	99.50	28.76
2014	2 603.94	47.71	0.92	97.64	28.98
2015	2 680.26	48.19	0.94	100.00	29.00

6.2　数据标准化

由于选取自变量 X_i 的单位和取值范围不同，数据在合理条件下进行分析，需要借助标准化处理来消除量纲的影响（蒋毓琪，2013）。本书运用级差标准化的方法处理各项指标（见表 6－2），其公式为：

$$E_i = (X_i - X_{min})/(X_{max} - X_{min}) \tag{6.1}$$

式中：E_i 为第 i 个指标的标准化值；X_i 为第 i 个指标的初始值；X_{max} 为第 i 个指标的最大值；X_{min} 为第 i 个指标的最小值。

表 6－2　　2011～2015 年供水量与影响因子标准化

年份	X_1	X_2	X_3	X_4	Y
2011	0.00	0.35	1.00	0.00	0.00
2012	0.03	0.00	0.67	0.20	0.05
2013	0.42	0.83	0.33	0.90	0.60
2014	0.70	0.83	0.00	0.54	0.97
2015	1.00	1.00	0.67	1.00	1.00

6.3 相关分析

相关分析是利用适当的数据描述变量之间线性相关强弱程度的过程。相关分析方法虽多，但借助相关系数衡量变量彼此的线性相关程度较为准确（朱家彪等，2008）。通过对 Pearson 简单相关系数、Spearman 和 Kendall's tua－b 等级相关系数等分析比较，本书选择 Pearson 简单相关系数分析影响因子与沈阳城市段供水量以及因子间的线性相关程度（表 6－3）。

表 6－3　供水量与影响因子之间相关系数

相关系数	X_1	X_2	X_3	X_4	Y	显著水平 p
X_1	1.0000	0.8885	－0.4862	0.8411	0.9694	0.0064
X_2	0.8895	1.0000	－0.4957	0.8446	0.9070	0.0336
X_3	－0.4862	－0.4957	1.0000	－0.4685	－0.6768	0.2096
X_4	0.8411	0.8446	－0.4685	1.0000	0.8278	0.0836

从相关系数表中可看出，影响因子与供水量的相关系数大小排序为：X_1(0.9694) > X_2(0.9070) > X_4(0.8278) > X_3(－0.6768)而 X_1 与供水量的相关度最高达到0.9694，其中 X_1、X_2、X_4与供水量呈正相关，而 X_3与其呈负相关关系。

6.4 沈阳城市段水资源影响模型构建与通径分析

通径系数是标准化的偏回归系数，是介于相关系数与回归系数之间的统计量。通径系数分为直接通径系数与间接通径系数，其中直接通径系数描述的是自变量自身直接对因变量产生影响效用；而间接通径系数描述的是自变量通过其他自变量对因变量产生影响效用，有利于通过现象揭示事物的本质。

通径分析的基本原理是通过每两个自变量之间与因变量之间的相关系数构成求解通径系数的标准化多元线性回归方程的正规方程组：

$$\begin{cases} a_1 + r_{12}a_2 + \cdots\cdots + r_{1p}a_p = r_{1y} \\ r_{21}a_1 + b_2 + \cdots\cdots + r_{2p}a_p = r_{2y} \\ r_{p1}a_1 + r_{p2}a_2 + \cdots\cdots + a_p = r_{py} \end{cases} \tag{6.2}$$

其中：a_i 为 x_i 的偏回归系数；r_{ij}为 x_i 与 x_j 的相关系数；r_{iy}为 x_i 与 y 的相关系数，i，j = 1，2，…，p。

在方程组（6.2）中，a_i 是 x_i 对 y 的直接作用，即 x_i 对 y 的直接通径系数；在其余 p − 1 项中，$r_{ij}a_j$ 是 x_i 通过 x_j 对 $y(x_i \leftrightarrow x_j \rightarrow y)$产生的间接作用，也就是 x_i 通过 x_j 对 y 间接通径系数 r_{iy}为：

$$r_{iy} = a_i + \sum_{j=1} a_j r_{ij} \tag{6.3}$$

在通径分析中，x_i 对 y 的直接决定系数为 R_i^2，即 $R_i^2 = a_i^2$；而 x_i 通过 x_j 对 y 间接决定系数为 $R_{ij}^2 = 2a_i r_{ij} a_j, x_1, x_2, \cdots, x_p$ 对 y 的决定系数 R^2 为：

$$R^2 = \sum_{i=1}^{p} R_i^2 + \sum_{i<j}^{p-1} R_{ij}^2 = \sum_{i=1}^{p} b_i r_{iy} \tag{6.4}$$

决定系数 R 揭示所有自变量对因变量的影响程度，倘若决定系数显著，那么通径分析成立，否则通径分析无意义。

剩余通径系数 a_e 为：

$$a_e = \sqrt{1 - r^2} \tag{6.5}$$

决策系数与决定系数不同，它既包括 x_i 对 y 的直接决定系数 R_i^2，又包括 x_i 通过 x_j 对 y 产生的间接决定系数 R_{ij}^2，其中间接决定系数 R_{ij}^2不仅包含 x_i 通过 x_j 对 y 的决定作用，还包含 x_j 通过 x_i 对 y 的决定作用（袁志发等，2001），决策系数 $R_{(i)}^2$ 为：

$$R_{(i)}^2 = a_i^2 + 2\sum_{j \neq i} a_i r_{ij} a_j = R_i^2 + \sum_{j \neq i} R_{ij}^2 \tag{6.6}$$

决策系数 $R^2_{(i)}$ 能够把各自变量对因变量的综合作用进行排序，排序最先的变量为主要决策变量，但排序最后的变量并不意味着其直接决定作用小。

总之，通径分析是在逐步回归方程建立的基础上，依据直接通径系数、间接通径系数以及决策系数，判定各自变量对因变量的直接影响、间接影响以及综合影响。

结合 2011 ~2015 年沈阳城市段水资源影响因素，利用 DPS 7.05 统计软件，可得到与沈阳城市段水资源影响模型式（6.2）与通径系数，并在此基础上进行通径分析，模型为：

$$Y = 0.8063X_1 + 0.162X_2 - 0.3258X_3 + 0.2538 \tag{6.7}$$

式（6.7）中：Y 为供水量；X_i 为供水量的影响因子。

表 6 -4　　供水量与影响因子之间的通径分析

要素	直接作用	→X_1	→X_2	→X_3	间接作用	总作用	决策系数
X_1	0.7204	—	0.1238	0.1252	0.2490	0.9694	0.8777
X_2	0.1393	0.6401	—	0.1276	0.7677	0.9070	0.3333
X_3	-0.2574	-0.3503	-0.0691	—	-0.4194	-0.6768	0.2822

决定系数 =0.9989
剩余通径系数 =0.0331
调整后的相关系数 R_a =0.9978
显著水平 P =0.001 <0.05

从通径分析表 6 -4 可以看出，调整后的相关性显著，通过 F 检验，说明通径分析成立。$R_a = 0.9978$，$P = 0.001 < 0.05$，方程通过 5% 的显著性检验。这说明沈阳城市段水资源是由上游森林资源的水源涵养与保持水土的空间流转价值 X_1、地表水与地下水 X_2 与化学需氧量 X_3 共同决定的，且相关性显著。此外，Durbin - Watson 统计量 d =2.4667，说明模型拟合性较强且可用。

流域森林生态服务是动态变化的，其涵养水源、保持水土的功能产生于森林生态系统内部却对外部环境发生作用。上游生态服务以森林为媒介，通过林冠层、枯落物层及土壤层的过滤、吸附、交换、吸收等作用拦蓄降水、涵养水分、补充地下水，调节河川流量。在森林生态系统对土壤化学物质产生作用的过程中，水环境的化学物质含量也随着发生改变，减少水资源化学需氧量，以河流为通道，从而使下游水质得到改善。

6.5　偏相关分析

偏相关分析是指当两个变量与其他变量相关时，将剔除其他变量的影响，仅分析两个变量间相关程度的过程。本书采用偏相关分析，通过偏相关系数有利于进一步探讨影响因子与供水量之间的直接相关程度（表 6－5）。

表 6－5　　供水量与影响因子之间的偏相关分析

偏相关系数	t 检验值	显著水平 P
$r(Y,X_1)=0.9950$	9.9225	0.0100
$r(Y,X_2)=0.8856$	1.9069	0.1968
$r(Y,X_3)=-0.9891$	6.7111	0.0215

从表 6－5 可得知，上游森林资源的水源涵养与保持水土的空间流转价值 X_1、化学需氧量 X_3 与沈阳城市段供水量 Y 偏相关显著，而地表水、地下水 X_2 与沈阳城市段供水量 Y 不显著，这与通径分析结果存在一定差异，但地表水与地下水对沈阳城市段供水量有着不可忽视的影响。

流域上游森林林冠层截留大气降水，使得林内穿透水携带大量养分降落到林地上，枯落物层作为土壤与大气降水物质能量交换的界面，对林内穿透水进行蓄水、调节、再分配与下渗，在重力作用下进入土壤，通过土壤孔隙间传导，增加土壤水含量，发生地表径流、壤中流与下渗形成潜流，特别是在枯水期增加地表水与地下水流量。同时，地表水与地下水在森林流域水文循环过程中，流动的化学物质含量也随着发生改变，减少水资源化学需氧量，以河流为通道，流转至流域下游，产生流域生态环境外部效应的空间流转现象。流域上游森林生态服务发生空间转移不仅可以调节水量，还有利于改善下游水质。

总之，浑河流域上游森林水源涵养与保持水土空间流转的生态服务通过地表水、地下水与化学需氧量间接作用于沈阳城市段供水量。沈阳城市段供水量不足现象已经长期存在，主要受水资源时空分布与生产力布局不匹配，水资源供需矛盾的影响。中国水利水电科学研究院的秦大庸等基于三次平衡原理的水资源供需平衡分析，预测 2020 年沈阳市的总供水量为 33.95 立方米，需水总量为 45.37 亿立方米，水资源缺口达到 11.42 亿立方米（秦大庸等，2007）。浑河流域上游森林资源水源涵养与保持水土的生态服务在空间范围发生流转，所产生的正外部效应对沈阳城市段水资源的调节水量与净化水质方面发挥着重要作用，按照生态环境保护相关法律政策规定的"谁受益谁补偿"原则，沈阳城市段应该对浑河上游地区进行生态补偿（蒋毓琪等，2016）。

6.6 本章小结

本章以流域森林生态服务空间流转为视角，基于森林生态服务价值空间转移原理和通径分析法，探究浑河流域上游森林生态服务对沈阳城市段供水量的影响。主要结论如下：

第一，浑河流域上游森林水源涵养与保持水土空间流转的生态服务是影响沈阳城市段供水量的重要因素。从上游森林资源生态服务的空间流转价值与沈阳城市段供水量的相关系数为 0.9694 以及偏相关系数为 0.9950 来看，说明两者存在很强的相关性，上游森林生态服务在空间范围发生流转，对沈阳城市段供水量产生正外部效应，保护上游森林资源尤为重要，也为沈阳城市段对上游进行生态补偿提供了依据。

第二，浑河流域上游森林水源涵养与保持水土空间流转的生态服务通过地表水、地下水与化学需氧量综合作用于沈阳城市段供水量。从上游森林资源生态服务的空间流转价值与沈阳城市段供水量的决策系数为 0.8777 来看，说明沈阳城市段供水量是由多个因素直接作用、间接作用共同决定的结果。流域上游森林土壤水含量通过地表径流与地下径流进行水文循环，同时水分中化学物质含量也随着发生改变，减少水资源化学需氧量，以河流为通道流转至流域下游，产生流域生态环境外部效应的空间流转现象，进而间接影响下游供水量。

第7章

浑河流域上游林农森林生态受偿意愿分析

本章主要介绍以浑河流域上游清原、新宾和抚顺三县林农的受偿意愿为基础，测算其流域森林生态受偿意愿平均水平，分析其影响因素以及接受补偿意愿存在的差异性。

生态系统为社会经济发展所提供的生态服务具有正外部性，国外政府按照“庇古税”的思想，通过征税对生态产权所有者进行补贴，实现外部成本内部化，进而达到保护资源环境的目的，而我国政府以财政转移支付的形式实施生态补偿（冯凌，2010）。流域森林生态补偿是协调损害或保护生态环境利益主体间关系的制度安排，也是激励保护生态环境的有效机制，其中明晰产权边界，确定补偿客体及补偿对象是前提。流域生态公益林产权是由多种权利复杂构成的一组权利束，是围绕森林生态服务功能引起的利益主体间的相互关系；其初始分配对上游森林资源保护者的经济行为进行了一定的限制和调整，造成上游地区政府、企业与林农发展权利部分丧失。从产权的收益分配功能分析，产权的每一项权能都附有一定收益。实质上，产权的界定、分配是利益的划分。流域上游地区森林资源保护、生态环境建设，其生态服务在空间范围内发生转移，为了协调流域森林资源享有者与受益者的利益配置不均，按照资源有偿使用原则，流域下游作为受益地区应该为上游提供经济补偿，借助补偿弥补这种权利的失衡（杨莉等，2012）。

由于环境产品与服务价值评估并没有市场价格作参照，针对这种“市场失效”现象，流域森林生态环境必须采用价格以外的估值方法来判断资源环境价值（Brouwer，2000）。目前，条件价值评估法（Contingent Valuation Method，CVM）是用来评估环境物品和服务的非使用价值应用最广、影响最大的方法（焦扬等，2008），它能够在信息缺失的情况下发挥其提供数据来源的优势，还可以用于公共物品非使用价值的计量。1947年，Ciriacy - Wantrup提出通过直接询问的方式了解受访者对公共物品的支付意愿与生态环境的补偿意愿，进而推估消费者消费此公共物品而获得的经济效益（Portney，1994）。这是CVM思想形成的萌芽。美国经济学家Davis（1963）首次将CVM用于估算美国缅因州一处林地的游憩价值。条件价值评估法，也被称为投标博弈法等，是指在假想市场的前提下，通过直接调查与访谈的形式，测度人们对改善生态服务的最大支付意愿（Willingness To Pay，WTP），或是对生态服务质量损耗的最小受偿意愿（Willingness To Accept，WTA）。换言之，CVM是引导受访者在假想市场中回答其支付意愿或补偿意愿的货币量。20世纪70年代初，CVM被用于评估公共物品与政策效益以及资源环境价值（Mitchell，1989）。1979年和1986年，CVM得到美国政府部门的认可，被作为资源评估的方法写入法规（Wattage，2001）。CVM在发达国家能迅速发展，与居民对环境问题和调查问卷较为熟悉有关；而在发展中国家，政府对资源环境信息的公开程度有限以及受访者存在奉承偏差等，这些因素都会影响CVM的应用与推广（马中，1999）。但诸多学者认为，CVM某些方面在发展中国家有效、可行且具有优势，例如访问成本低、调查方式最受推荐等（Whittington，1998）。国际货币基金组织（IMF）和世界银行（WB）资助多个CVM调查项目，主要用于发展中国家的政策评估。直到20世纪90年代，CVM案例在我国才出现，说明此方法开始引起资源环境经济学领域的关注。张茵、蔡运龙首次将CVM运用到游憩研究领域，运用支付卡法、双边界二分法等多种评估技术估算了九寨沟旅游资源的非使用价值，同时对问卷设计、实地调查与数据处理等方面进行了深入探讨（张茵，2004）。赵军（2006）总结了CVM关于河流生态系统保护与环境质量改善等在问卷设计、调查实施、数据处理等过程中的实际经验，并针对CVM每个步骤提出了今后研究应该注意的九条原则。在选择个人或家庭作为调查样本时，CVM通常在设置一系列假设问题的基础上通过问卷调查的形式，评估受访者对公共物品和服务的偏好程度以及对其项目改善的支付意愿。生态环境作为一种公共资源，按照有偿使用的原则，受益者应该支付补偿费用。

近年来，流域生态补偿已成为学术研究的热点之一，由于生态补偿标准确定是核心问题，学者主要聚焦于用CVM方法通过测量WTP或WTA测算流域生态补偿标准。以黄河流域为例，葛颜祥等（2009）采用CVM通过两项选择法对山东居民的补偿意愿与支付水平进行调查。乔旭宁等（2012）采用CVM在构建补偿标准流程的基础上，分别计算渭干河流域居民生态补偿的WTP与综合成本，并将其作为补偿的最高、最低补偿标准值。有些学者指出，单独测算WTP并不能有效确定补偿标准。为了解决WTP作为补偿标准偏低的弊端，真实地反映当地居民的补偿意愿，徐大伟等（2012）对受访者同时测量 WTP 和 WTA，取平均值确定补偿标准。然而，WTP 与 WTA 之间的不对称是客观存在的，受诸多因素影响，两者取均值并不能有效作为测算补偿标准的方法。国外主要使用 WTP 衡量消费者剩余，进而估算公共资源的经济价值。与发达国家相比，维恩卡他查兰（Venkatachalam）认为，发展中国家生态环境损失的机会成本由社会弱势群体承担，在评估资源环境补偿方面，从居民福利损失的角度来看，WTA 比 WTP 更适合，WTA 是发展中国家用于评估资源环境损失的计量方法（查爱苹，2013）。针对鄱阳湖湿地周边农户的受偿意愿，姜宏瑶与温亚利（2011）通过 WTA 测算出农户生态补偿意愿值，进而估算补偿标准。本章采用 WTA 方法对上游林农森林生态受偿意愿、影响因素及其接受补偿意愿的差异性进行分析。

7.1　样本特征描述与变量选择

7.1.1　样本特征描述

浑河流域上游林农人均占有森林面积为 0.97 公顷，收入主要来源于林业生产经营，自身拥有的森林资源部分被划为公益林的农户。在访谈过程中，林农对家庭收入的话题较为敏感，通过询问林农的林业收入、农业收入以及务工收入，其中林业收入包括出售木材、林下经济以及出售红松松塔等，间接估算林农的家庭年收入，推算出平均林农人均收入为 11 540 元，与 2016 年清原县、新宾县与抚顺县的政府工作报告中农村人均收入为 11 960 元的统计结果趋于一致。从收集样本看，调查对象主要为男性，说明男性在家庭决策中占据主导地位；大多数年轻人都外出务工，调查对象最小年龄为 27 岁，最大年龄为 72 岁，平均年龄 48.5 岁；受访者的受教育程度主要为小学和初中水平，占样本总量的 87.46%；家庭人口数量集中于 3 ~ 4 人之间，占样本总量的 55.82%（表 7 -1）。

表 7-1　　调查对象的基本特征

特征	选项	样本量	比例（%）
性别	男	244	72.8
	女	91	27.2
年龄（岁）	21~30	23	6.87
	31~40	68	20.30
	41~50	135	40.29
	51~60	87	25.97
	60 以上	22	6.57
受教育程度	小学	128	38.21
	初中	165	49.25
	高中	31	9.25
	大专及以上	11	3.19
家庭人口数（人）	2 及以下	92	27.46
	3~4	187	55.82
	5~6	41	12.24
	6 以上	15	4.48
家庭年收入（元）	10 000 以下	43	12.83
	10 001~20 000	119	35.52
	20 001~30 000	95	28.36
	30 001~40 000	28	8.36
	40 001~50 000	19	5.67
	50 001~60 000	15	4.48
	60 000 以上	16	4.78
公益林比重（%）	20 以下	14	4.18
	20~40	49	14.63
	41~60	79	23.58
	61~80	82	24.48
	80 以上	111	33.13

7.1.2　林农对流域生态环境重要性及补偿标准的认知分析

浑河流域上游森林生态环境对涵养水源、净化水质、调节水量等生态服务功能产生重要影响。在受访者中，94.92% 林农十分关注流域森林生态环境，说明其对森林生态服务的重要性有一定认识，仅有 5.08% 的受访者不关

注（见表 7－2）。林农对流域生态环境的了解为其对生态补偿标准的认知提供依据。当进一步询问林农关于生态补偿标准的态度时，97.61% 受访者认为公益林补偿标准低，很难补偿原有森林资源所带来的经济损失，而上游地区森林资源保护为下游提供优质水源，作为直接受益者——下游地区也应该承担补偿费用。

表 7－2　　林农对生态效益和环境保护的认知

认知程度	选项	样本数	比例（%）
浑河上游森林生态环境保护以及重要性的认知	不重要	0	0.00
	不太重要	2	0.60
	一般	15	4.48
	比较重要	57	17.01
	非常重要	261	77.91
浑河森林生态补偿标准的态度	非常高	0	0.00
	比较高	0	0.00
	一般	8	2.39
	比较低	32	9.55
	非常低	295	88.26

7.1.3　林农森林生态受偿意愿测算

根据受访者的森林生态受偿意愿值描绘投标数额的人数频率分布（图 7－1），受偿意愿分布在 0 元/亩、15 元/亩、20 元/亩、25 元/亩、30 元/亩、35 元/亩、40 元/亩、45 元/亩、50 元/亩、60 元/亩、80 元/亩与 100 元/亩，其中受偿意愿为 40 元/亩的人数最多，占有效问卷的 36.16%，其次是受偿意愿为 30 元/亩与 50 元/亩的人数，分别占有效问卷的 25.46% 与 12.55%，而 6.64% 的受访者不愿接受补偿。

按照受偿意愿分布频率数据，能够计算出浑河流域上游地区林农最小森林生态受偿意愿期望值为：

$$E(WTA) = \sum_{i=1}^{12} A_i P_i \tag{7.1}$$

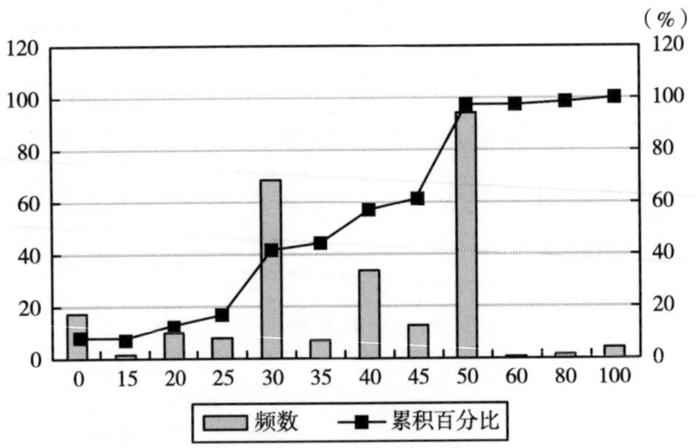

图 7-1　林农受偿意愿值分布

其中：A_i 为投标数额；P_i 为受访者选择第 i 投标数额的概率。

根据式（7.1）计算，上游地区清原县、新宾县与抚顺县林农最小森林生态受偿意愿值分别为 38.54 元、38.14 元与 36.96 元（见表 7-3）。林农最小森林生态受偿意愿平均值为 37.88 元/亩，约为国家级公益林补偿标准的 2.5 倍，这说明补偿标准与林农的森林生态受偿意愿存在较大差异。目前，公益林补偿资金主要来源于政府财政转移支付，补偿资金有限、补偿标准低、补偿范围小以及补偿方式单一等问题依然存在。较低的补偿标准会使林农的经济利益遭受损失，只有通过拓宽补偿渠道、丰富补偿主体以及完善补偿机制等途径提高补偿标准，才能激励林农对流域上游水源地森林资源保护的积极性。

表 7-3　　上游林农森林生态受偿意愿　　单位：元

流经区域	清原县	新宾县	抚顺县	平均
受偿意愿	38.54	38.14	36.96	37.88

7.1.4　变量选择

为了深入研究浑河流域上游林农森林生态受偿意愿以及影响因素，本章将受访者个体特征与生态环境、补偿标准认知作为解释变量，通过建立计量经济学模型进行分析，进而为确定公益林生态补偿标准提供依据。个体特征变量分别为受访者的性别、年龄、受教育程度、家庭人口数和家庭年收入。此外，公益林比重这一变量也被引入到计量模型中。森林生态补偿标准主要是围绕其生态服务功能而确定，林农原有的森林资源被划为公益林，其涵养水源、净化水质和调节水量的生态服务功能发挥着重要作用，而较低的补偿标准很难弥补林农的林业经济收入，公益林面积所占比例对林农森林生态受偿意愿产生直接影响（见表 7－4）。

表 7－4　　变量定义

变量	定义与赋值	均值	标准差	最大值	最小值
性别	女＝0；男＝1	0.73	0.44	1	0
年龄	取值为实际年龄	48.50	9.12	72	27
受教育程度	小学＝1；初中＝2；高中＝3；大学（含大专、本科）＝4;；研究生＝5	1.85	0.71	1	4
家庭人口数	实变量，在同一户籍的人口数	3.24	1.24	6	1
家庭年收入	实变量，取值为个人年收入	11 540	10 980	150 000	6 000
公益林比重	实变量，公益林面积占林农拥有林地面积的比例	66%	0.26	20%	100%
浑河上游森林生态环境保护重要性的认知	非常不重要＝1；比较不重要＝2；一般＝3；比较重要＝4；非常重要＝5	4.07	0.4	5	1
浑河森林生态补偿标准认知	非常高＝1；比较高＝2；一般＝3；比较低＝4；非常低＝5	4.01	0.24	5	1

7.2　林农森林生态受偿意愿的影响因素分析

7.2.1　模型建立

调查数据中有 6.64% 林农不愿意接受流域森林生态补偿，意味着因变量观察值为零。探究上游林农接受补偿意愿及影响因素时，审查不愿意接受补偿的观察值是对林农受偿意愿水平无偏估计的保证。Tobit 模型有效地解决了这一问题，在参数估计过程中，将不愿意接受补偿林农的观察值纳入估计范围（接玉梅和葛颜祥，2014）。

建立计量模型如下：

$$Y = \beta_0 + \beta_1 X_1 + \beta_2 X_2 + \beta_3 X_3 + \beta_4 X_4 + \beta_5 X_5 + \beta_6 X_6 + \beta_7 X_7 + \beta_8 X_8 + \beta_9 X_9 + \mu \tag{7.2}$$

其中：Y 为林农森林生态受偿意愿的投标值；X_i 为解释变量；β_i 为回归系数；β_0 为常数项；μ 为随机干扰项。

7.2.2 稳健性检验

本书借助统计软件 Stata 12.0 利用 Tobit 估计法的 Interval Regression 模型进行参数估计，为了进一步检验模型的可行性与有效性，通过改变因变量的设置，对模型重新估计（张燦婧等，2015）。将原有的因变量设置为二分类变量（0，1），不愿意受偿定义为 0，愿意受偿定义为 1，引入二元 Logit 模型对回归结果进行检验（详见表 7－5）。

表 7－5 Tobit 模型与 Logit 模型回归结果

变量	Tobit 模型回归结果				Logit 模型回归结果			
	系数	标准差	统计量	P 值	系数	标准差	统计量	P 值
性别	-0.3931	2.2254	-0.18	0.860	-2.3092	1.4624	-1.58	0.114
年龄	0.2960	0.1146	2.58	0.010	0.1406	0.0492	2.86	0.004
受教育程度	2.6652	1.4264	1.87	0.063	0.9991	0.6370	1.57	0.117
家庭人口数	-1.3170	0.8378	-1.57	0.117	0.0674	0.2961	0.23	0.820
家庭年收入	-0.0001	0.0005	-2.31	0.021	-6.07e-0.6	0.0002	-0.27	0.788
公益林比重	14.5661	4.1492	3.51	0.001	6.4420	2.1485	3.00	0.003
生态环境重要性认知	-5.1366	4.0842	-1.26	0.210	-3.0429	1.0501	-2.90	0.004

续表

变量	Tobit 模型回归结果				Logit 模型回归结果			
	系数	标准差	统计量	P 值	系数	标准差	统计量	P 值
生态补偿标准认知	7.3664	2.4927	2.96	0.003	3.4368	1.0233	3.36	0.001
Cons	5.9887	19.5053	0.31	0.759	-8.2159	5.1141	-1.61	0.108

根据表 7-5 对比结果可知，Tobit 模型的自变量回归系数和显著性与 Logit 模型检验结果趋于一致，说明 Tobit 模型拟合较好，能够合理解释模型中变量之间的相互关系。由 Tobit 模型回归方程的显著性水平得知，年龄、公益林比重以及林农对生态补偿标准的认知对森林生态受偿意愿的影响非常显著，其他变量均不显著。估计结果表明：第一，年龄越大，林农森林生态受偿意愿越强烈。40 岁以上受访者占 72.83%，其中 41～50 岁与 51～60 岁分别占 40.29% 与 25.97%，尽管这部分人群正处于经济能力较强的阶段，但收入来源于农业种植和务工，但随着林农年龄增长，劳动能力下降，经济收入受限，期望得到公益林补偿金额越多。第二，公益林比重越大，意味着林农经营成本提高，经济收入减少，其森林生态受偿意愿越高。这与浑河流域上游地区的实际情况相符合，由于原有森林资源被划为公益林，现有的补偿金额很难弥补林农对森林培育、管护等林业投资费用，林农森林生态受偿意愿非常高。第三，林农认为补偿标准越低，期望得到补偿金额越多。林农十分清楚浑河流域上游森林对下游水资源的重要性，目前的补偿标准不足以承担林农对林业经营管理以及相关生产活动的资金投入费用，林农对提高公益林补偿标准的受偿意愿非常高。

7.3　林农森林生态受偿意愿差异性分析

此前解释了“是否接受补偿以及其影响因素”，为了进一步分析“在不同条件下影响因素对林农森林生态受偿意愿的差异性”，Koenker and Bassett（1978）提出的分位数回归方法（Quantile Regression）为我们提供了解决思路

（葛玉好，2010）。分位数模型是建立在自变量是线性函数，构造因变量的分位数回归，得到自变量对因变量分位数影响的假设前提下，主要用于在不同分位数上，自变量对因变量的影响（何军，2011）。分位数回归模型表示为：

$$Y_i = \alpha X_i + \mu \quad (7.3)$$

$$Q_q(Y_i/X_i) = \alpha_q X_i \quad (7.4)$$

其中：Y_i 为林农森林生态受偿意愿；X_i 为自变量；α 为回归系数；$Q_q(Y_i/X_i)$为既定 X_i 的条件下 Y_i 在 q 条件的分位数。

根据调查数据，运用统计软件 stata 12.0 对分位数模型进行估计（见表 7-6）。

表 7-6　分位数回归结果

变量	q=0.10	q=0.25	q=0.50	q=0.75	q=0.90
性别	-0.1464 (0.1251)	-0.5628 (0.0554)	-0.1084 (0.0681)	0.0075 (0.0899)	0.0448 (0.0868)
年龄	0.0089* (0.0560)	0.0121*** (0.0066)	0.0239*** (0.0067)	0.0245*** (0.0089)	0.0259*** (0.0000)
受教育程度	0.0330 (0.0570)	-0.3380 (0.4136)	0.0112 (0.0347)	0.0043 (0.0595)	0.0224 (0.0681)
家庭人口数	0.0570 (0.0418)	0.0347 (0.0290)	0.0449 (0.0386)	-0.0013 (0.0444)	0.0026 (0.0495)
家庭年收入	0.2206** (0.0160)	0.6053*** (0.1145)	0.8002*** (0.1004)	0.3566*** (0.1047)	0.1398 (0.0909)
公益林比重	0.1863* (0.1919)	0.3154* (0.2377)	0.3716** (0.1355)	0.4329*** (0.1777)	0.9173*** (0.2680)
生态环境重要性认知	-0.0366 (0.0896)	-0.0001 (0.0243)	-0.0266 (0.0293)	-0.0414 (0.0558)	-0.0368 (0.0584)
生态补偿标准认知	-0.0218 (0.2953)	-0.6898 (0.0996)	-0.0554 (0.1436)	0.1452 (0.1938)	0.0846 (0.2873)
Cons	-2.5432 (2.0620)	-4.9799*** (0.9011)	-3.7144* (1.3385)	-1.9069 (1.4697)	0.5781 (1.3051)

注：*** 表示 $P<0.01$；** 表示 $P<0.05$；* 表示 $P<0.1$。

年龄、家庭收入与公益林比重对林农接受补偿意愿有显著影响且在不同分位数的影响系数存在差异。林农年龄在 0.1 与 0.9 分位数之间的回归系数由 0.0089 到 0.0259 呈单调递增趋势，表明年龄对林农在不同分位数的森林生态受偿意愿的影响程度逐渐增强。原因可能在于，在 0.1 和 0.25 低分位数，正处于年富力强的青壮年时期的林农，除了从事林业与农业生产外，外出务工赚取额外收入，认为提高补偿标准也对增加家庭收入影响较小；而在 0.75 和 0.9 高分位数，中老年林农的劳动能力下降，以及常年获得较低的补偿资金，造成的林业经济损失根本没有得到有效的弥补，希望政府提高补偿标准，使其获取高额补偿资金的意愿最强烈。家庭收入回归系数在接受补偿的不同分位数上呈现出先增后减的倒 U 型特征，且在 0.5 分位数林农森林生态受偿意愿达到最高。从林农的家庭收入结构进行解释，在 0.1 和 0.25 低分位数，林农收入以林业收入与农业收入并重，林农需要生态补偿资金弥补林业损失，接受补偿意愿较为强烈；在 0.5 中分位数，林农收入主要以林业为主农业为辅，林农收入在家庭收入构成中占有较大比重，加之生态公益林的划定，林农权利受限所带来的经济损失对家庭收入有显著影响，林农接受补偿的意愿最为强烈；在 0.75 和 0.9 高分位数，由于比较收益的作用，林农收入来源多元化，其中非农收入在林农家庭收入占有较大比重，对林农增收的贡献率逐渐变大。林农对于政府财政转移这种补偿方式的边际意愿逐渐变弱，他们可能更倾向于政府拓宽补偿渠道与其他补偿方式配套，例如政策补偿或智力补偿等。公益林比重在不同分位数之间的回归系数逐渐变大，表明随着分为点的提高，林农接受补偿的意愿逐渐增强。在分位数较低时，公益林所占比重较小的林农，意味着林农从事林业生产的权利约束较小，经济收入损失较少；相反，公益林比重大的林农拥有商品林面积相对较小，较高程度的权利约束直接影响林农的经济收益，林农收入受损程度越大，接受补偿的意愿越高。

7.4 本章小结

本章采用 CVM 方法对浑河流域上游林农个人、家庭基本情况，受访者对公益林生态环境重要性和生态补偿标准的认知以及森林生态受偿意愿进行了调查分析，引入分位数模型，进一步分析林农在不同程度接受补偿意愿的变化及差异性。主要研究结论如下：

第一，浑河流域上游林农森林生态受偿意愿为 33.78 元/亩，约为国家级公益林补偿标准的 2.5 倍，这说明补偿标准与林农的森林生态受偿意愿存在较大差异。

第二，年龄、公益林比重以及林农对生态补偿标准的认知对森林生态受偿意愿有显著影响且呈正相关关系。年龄变量的回归系数为正，说明林农年龄越大，劳动能力下降且收入来源有限，受偿意愿越高；公益林比重越大与补偿标准越低，意味着林农权利受限程度越高，经济利益损失越多，接受补偿意愿越强烈。

第三，年龄、家庭收入与公益林比重对林农接受补偿意愿的影响在不同分位数上存在差异。年龄在低中高分位数上回归系数由 0.0089 到 0.0259 呈单调递增趋势，表明处在老年时期的林农比青年和中年林农的受偿意愿强。公益林比重在不同分位数之间的回归系数逐渐变大，意味着与分位数较低相比，在高分位数上，公益林面积比重较大的林农拥有商品林面积相对较小，较高程度的权利约束直接影响林农的经济收益，林农收入受损程度越大，接受补偿的意愿越高。家庭收入对林农受偿意愿影响的分位数回归系数呈现出先增后减的倒 U 型特征，在 0.5 分位数之前受偿意愿逐渐增加，达到最大之后减弱，这表明林农收入增加，接受现金补偿的意愿达到某种程度后逐渐倾向于其他补偿方式。

第8章

浑河流域下游居民森林生态补偿意愿分析

本章主要介绍以浑河流域下游抚顺市区、沈阳城市段、辽中县、辽阳县、灯塔市、海城市和台安县居民补偿意愿为基础，测算各地区居民流域森林生态补偿意愿支付水平，分析其影响因素。

政府财政转移支付的补偿方式是协调流域上下游利益主体间经济关系的主要途径，由于政府单方面补偿流域上游保护生态环境存在补偿资金有限，补偿方式单一与补偿范围较窄的缺陷，很难有效解决流域生态环境的外部性问题，而根据资源有偿使用原则，流域下游作为受益地区应该为上游提供经济补偿。流域区际横向生态补偿有利于矫正流域内区域间利益分享机制、协调区域间损益关系，是实现利益相关者享用、保护和改善生态系统服务外部成本内部化的有效手段。

流域生态环境具有“外部性”的特点，其生态系统服务价值评估没有市场价格作参照，针对这种“市场失效”现象，必须采用价格以外的估值方法来判断资源环境价值（钱水苗和王怀章，2005）。目前，条件价值评估法（Contingent Valuation Method，CVM）是用来评估环境物品和服务的非使用价值应用最广、影响最大的方法（胡欢等，2017），它能够在信息缺失的情况下发挥其提供数据来源的优势，还可以用于公共物品非使用价值的计量。换言之，CVM 是引导受访者在假想市场中回答其支付意愿或补偿意愿的货币量，其中，CVM 调查方法中的 WTP 用于估算居民对公共物品的支付意愿（石玲，2014）。

流域生态环境作为一种公共资源，按照有偿使用的原则，受益者应该支付补偿费用。从流域生态补偿的发展趋势来看，国外正逐渐将清晰界定的流域生态环境服务商品化，主要表现为权属交易和契约签订的资金补偿，环境服务产品包括水质改善与水污染控制等。目前，我国流域生态补偿可归结为国家直接支付、地方政府为主导、自发交易、水权交易与水费补偿四种类型。根据国内外研究成果，流域生态补偿方式呈现出多样性的特点，补偿资金主要用于保护水源和净化水质两个方面（详见表8－1）。

表 8-1　　　　国内外流域生态补偿方式案例

案例内容	补偿方式	利益相关者	提供生态服务
美国纽约市政府与“流域农业理事会”协商和交易，要求上游农场主保护水源，使水质达标。	权属交易：纽约市水务局对用水居民征收附加税、发行信托基金与公债	纽约市政府、流域农业理事会和农场主	保护资源，净化水质
法国 Perrier Vittel S. A 公司要求上游土地所有者保护水源，使天然水源得以恢复（李玉敏，2007）	资金补偿：矿泉水公司向流域上游土地所有者直接支付补偿资金	PerrierVittel S. A 公司和上游土地所有者	控制水污染，恢复流域天然优质水源
哥斯达黎加私营水电公司要求上游造林、保护林地（李玉敏，2007）	资金补偿：每年向 FONAFIFO 提交 18 美元/公顷，支付上游土地私有者	政府、私营水电公司、土地私有者	涵养水源，净化水质
中国南水北调工程（郑海霞，2006）	国家直接支付	政府和沿岸居民	水源供给
北京市对密云水库和官厅水库水源地补偿（郑海霞，2006）	地方政府主导：北京政府支付 150 亿元用于上游水源地生态环境建设	北京市与河北省丰宁县	清洁水源和保持供水量
浙江省湖州市的德清县对西部水源涵养区补偿（郑海霞，2006）	自发交易：从全县水资源费中提取 10% 补偿西部水源保护区	浙江省德清全县与该县西部区域	涵养水源和水源供给
义乌市向东阳市购买水资源的使用权（赵连阁，2006）	水权交易：义乌市向东阳市一次性支付 2 亿元补偿资金	东阳市政府与义乌市政府	水源供给
广东省曲江区对水源地农民补偿（郑海霞，2006）	水费补偿：从自来水公司与水电部门征收一定比例费用作为补偿资金	广东省的曲江区与水源地农民	保护水源与改善水质

流域上游水源地作为供水源头，其生态环境直接关系着下游地区水资源供给与居民用水需求。为了保证下游地区水资源可持续利用和居民用水安全，政府加强保护上游水源地森林资源，对水资源地制定限制性开发的林业政策，林农经济利益受损，下游地区作为水资源的受益者应该进行补偿。补偿途径主要是两点：一是通过不同政府部门之间的转移支付实现补偿。陕西省耀州区每年从水利部门征收 10% 水资源费用给林业部门，用于流域水源地生态公

益林管理与保护；广东省曲江区按照 0.01 元/立方米的收取标准，从自来水公司收取费用补偿流域水源区农户。二是通过收取水资源费实现补偿。南水北调是流域水资源跨区域利用的重点工程，北京作为中线工程的重要城市，其发展受水资源短缺限制。为了解决用水问题，2002 年北京市在自来水供水价格与污水处理费构成水价的基础上新增水资源费项目，通过增加水资源费，增收的水费用于补偿南水北调供水区（郑海霞，2006）。

8.1　抚顺市区与沈阳城市段居民森林生态补偿意愿与支付水平分析

8.1.1　样本特征描述

从抚顺市区与沈阳城市段收集样本看，调查对象的性别中，男、女比例较为平均；在年龄结构方面，41 ~ 50 岁城市居民居多，约占总样本的 40.00%；受访者的受教育程度主要为高中水平，抚顺市区与沈阳城市段分别占样本总量的 43.83% 与 47.69%；家庭年均收入分别介于 30 001 ~ 60 000 元与 60 001 ~ 80 000 元两个区间，与两个城市居民的家庭平均收入趋于一致；受访者的家庭年用水量主要集中于 96 ~ 144 立方米，分别占样本总量的 50.00% 与 53.62%，而年用水量超过 16 立方米的家庭分别为样本总量的 10.77% 与 12.40%，说明阶梯水价制度出台有效调节水资源配置，较少家庭用水量超过阶梯水价中第一级水量（见表 8 - 2）。

表 8 - 2　　调查对象的基本特征

特征	选项	样本量	比例（%）	样本量	比例（%）
		沈阳城市段	沈阳城市段	抚顺市区	抚顺市区
性别	男	73	56.15	168	54.55
	女	57	43.85	140	45.45

续表

特征	选项	样本量	比例（%）	样本量	比例（%）
		沈阳城市段	沈阳城市段	抚顺市区	抚顺市区
年龄（岁）	21～30	14	10.77	32	10.39
	31～40	26	20	65	21.1
	41～50	51	39.23	126	40.91
	51～60	24	18.46	57	18.51
	60以上	15	11.54	28	9.09
受教育程度	小学	10	7.69	21	6.82
	初中	31	23.85	64	20.78
	高中	62	47.69	135	43.83
	大学	18	13.85	72	23.38
	研究生	9	6.92	16	5.19
家庭人口数（人）	1	20	15.38	45	14.61
	2	28	21.54	66	21.43
	3～4	77	59.23	184	59.74
	5以上	5	3.85	13	4.22
家庭年收入（元）	30 000以下	14	10.77	28	9.09
	30 001～60 000	57	43.85	79	25.65
	60 001～80 000	31	23.85	145	47.08
	80 001～100 000	23	17.69	34	11.04
	100 000以上	5	3.85	22	7.14
家庭年用水量（立方米）	96以下	16	12.31	35	11.41
	96～144	65	50	165	53.62
	144～192	35	26.92	70	22.79
	192以上	14	10.77	38	12.4

数据来源：根据调研数据整理获得。

8.1.2 抚顺市区与沈阳城市段居民对流域生态环境的认知分析

80.59%的抚顺市区与沈阳城市段居民认为政府制定保护水资源地的相关

制度政策十分重要；对于保护水源地生态环境，90.18%的沈阳与抚顺城市居民认为有必要制定流域水污染防治管理办法；92.69%居民支持流域生态补偿政策，该政策有利于流域森林生态环境保护与水源地建设；针对浑河流域下游沈阳与抚顺水资源现状，超过70.32%的城市居民对水资源供给较为满意，认为目前水质还需改善。浑河流域上游森林资源具有涵养水源、净化水质和调节水量等生态服务功能，82.65%的调查对象认为上游森林资源对下游水资源有重要影响。为了保护水源地，政府制定相关林业限制政策，上游林农发展权利受限，为了保证水资源持续供给和优质水源，82.65%居民作为受益者愿意通过提升基础水价方式对流域上游水源地居民进行补偿，这不仅能够确保沈阳与抚顺两市水资源有效供给，还能清洁水源有利于两市居民用水安全，进而推动该地区经济发展（详见表8-3）。

表 8-3　城市居民对流域生态环境的认知

认知程度	选项	样本数	比例（%）	认知程度	选项	样本数	比例（%）
政府重视流域水源地保护	不重要	12	2.74	制定流域水污染防治管理办法	不重要	16	3.65
	不太重要	33	7.53		不太重要	27	6.16
	一般重要	40	9.13		一般重要	35	7.99
	比较重要	126	28.77		比较重要	116	26.48
	非常重要	227	51.83		非常重要	244	55.71
流域生态补偿政策	不重要	11	2.51	实施阶梯水价制度	不重要	34	7.76
	不太重要	21	4.79		不太重要	42	9.59
	一般重要	32	7.31		一般重要	32	7.31
	比较重要	88	20.09		比较重要	104	23.74
	非常重要	286	65.30		非常重要	226	51.60
居民对水资源供给的满意程度	不满意	24	5.48	居民对目前水质的满意程度	不满意	16	3.65
	不太满意	39	8.90		不太满意	47	10.73
	一般	67	15.30		一般	90	20.55
	比较满意	178	40.64		比较满意	158	36.07
	非常满意	130	29.68		非常满意	127	29.00

续表

认知程度	选项	样本数	比例（%）	认知程度	选项	样本数	比例（%）
居民对基础水价提升作为补偿方式	不重要	41	9.36	浑河上游森林资源对下游水资源的影响	不重要	41	9.36
	不太重要	35	7.99		不太重要	35	7.99
	一般重要	69	15.75		一般重要	57	13.01
	比较重要	153	34.93		比较重要	95	21.69
	非常重要	140	31.96		非常重要	210	47.95
确保下游居民用水安全	不重要	27	6.16	—	—	—	—
	不太重要	46	10.50	—	—	—	—
	一般重要	53	12.10	—	—	—	—
	比较重要	125	28.54	—	—	—	—
	非常重要	187	42.69	—	—	—	—

数据来源：根据调研数据整理获得。

8.1.3 变量选择

根据已有研究成果，流域生态补偿的意愿涉及诸多因素，既有客观因素，也有主观因素；既包括受访者个体以及家庭特征，还受社会经济因素的影响。因此，解释变量是复杂多元的。在既有文献的基础上，结合研究对象的实际情况，本章探索性地选取 16 个自变量，主要包括基本特征、外部环境、水资源现状、居民认知四个方面。

其中，基本特征包括性别、年龄、受教育程度、家庭人口数、家庭年收入与家庭年用水量；外部环境指政府重视流域水源地保护、制定流域水污染防治管理办法与流域生态补偿政策，以及市场调节在实施阶梯水价制度过程中提高污水处理费；流域居民对水资源现状主要考虑水资源供给与水质两方面，选择水资源供给的满意程度、居民对目前水质的满意程度作为衡量指标；居民对基础水价提升作为补偿方式的认知是影响其接受意愿的重要变量，但大多数研究忽视了居民认知对补偿意愿的影响。依据认知心理学的理论，受访者信念、认知决定其偏好，进一步影响其意愿与决策（Denzau，1993）。上游森林资源对下游水资源的影响与确保下游居民用水安全以及推动下游地区经济发展被视作反映居民认知的变量与确保下游居民用水安全被视作反映居民认知的变量。

由于所选择指标彼此具有一定的相关性，存在信息重叠，通过主成分分析，对原始数据降维，在保持原有变量大部分信息的情况下，确保所含信息互不重复。根据特征值累计方差贡献率大于 85% 的原则（李连香，2015），共选择两个主成分，其特征值为 7.63、0.59，相应的方差贡献率分别为 82.75% 与 6.43%，累积贡献率达到 89.18%（见表 8－4）。最终筛选出主要影响变量 9 个，分别为家庭年收入、家庭年用水量、政府重视流域水源地保护、政府制定生态补偿政策、实施阶梯水价制度、水资源供给的满意程度、水质的满意程度、上游森林资源对下游水资源的影响以及确保下游居民用水安全。

表 8－4　　主成分贡献率

初始特征值				提取平方和		
成分	特征值	方差贡献率（%）	累积贡献率（%）	提取特征值	方差贡献率（%）	累积贡献率（%）
1	7.63	82.75	82.75	7.63	82.75	82.75
2	0.59	6.43	89.18	0.59	6.43	89.18
3	0.41	4.51	93.69	—	—	—
4	0.54	5.36	99.05	—	—	—
5	0.05	0.57	99.62	—	—	—
6	0.29	0.38	100.00	—	—	—
7	6.28E－17	7.14E－16	100.00	—	—	—
8	－7.25 E－17	－8.19 E－16	100.00	—	—	—
9	－1.92 E－16	－2.22 E－15	100.00	—	—	—

8.1.4　模型建立与假说提出

（1）IAD 延伸决策模型

Elinor Ostrom 提出的 IAD（Institutional Analysis And Development）延伸模型主要解释参与者在既有信息和控制力的条件下根据自身特征所做出的决策以及对行动结果的影响（刘珉，2011）。它以“参与者智力决策模型”为核心，其中心思想：参与者的决策意愿不仅受外部环境影响，还受其自身状况、净收益预期和行动现状的感知程度以及付诸行动后所产生结果的认知程度影响（见图8-1）。这一思想可以有效地探究居民以基础水价提升作为补偿方式接受意愿的内在机理。

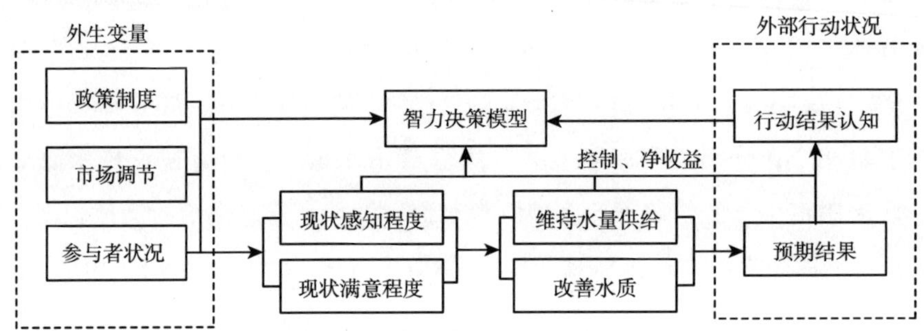

图8-1 参与者智力决策模型

为了借助IAD延伸模型解释抚顺市区与沈阳市城市段居民对基础水价提升作为补偿方式的接受意愿，除了受流域生态补偿政策与市场调节机制等外部环境因素影响外，居民做出是否支持这种补偿方式决策前，参考家庭收入、家庭用水量等基本特征信息，根据对流域水资源环境现状的感知程度、水质改善视作净收益的期望结果，做出是否接受基础水价提升作为补偿方式的决策。居民对于基础水价提升的支付意愿主要受家庭年收入、家庭用水量与供水服务满意度的影响（Raje，2002）。随着家庭可支配收入增加，居民水价承受能力提高，小幅基础水价提升限制居民用水量并不明显，但居民用水量增加对其支付意愿产生间接消极影响。居民决策前对现状的感知程度与收益期望是最终决策的依据。居民环境意识对其支付意愿的作用不可忽视。水资源生态环境状况直接影响居民饮水安全，居民环境意识越高，其支付意愿越强，即接受基础水价提升作为补偿方式的意愿越强（蔡志坚和张巍巍，2007）。综上所述，提出如下假说：

H1：居民对基础水价提升作为补偿方式的接受意愿受外部环境、家庭基本特征、水资源现状评价与认知的共同影响。

H2：家庭收入与居民对基础水价提升作为补偿方式的接受意愿呈正相关

关系，即家庭收入越高，接受意愿越强烈。

H3：家庭用水量与居民对基础水价提升作为补偿方式的接受意愿呈负相关关系，即家庭用水量越多，接受意愿越弱。

H4：居民对流域上游森林资源影响下游水资源的重要性认知与基础水价提升作为补偿方式的接受意愿呈正相关关系，即居民认知程度越高，越容易接受这种补偿方式。

H5：居民对水质的满意度与基础水价提升作为补偿方式的接受意愿呈负相关关系，即居民对水质的满意程度越低，接受这种补偿方式的意愿越高。

参照已有的研究成果（曹裕等，2015），本书选择 Logit 模型进行检验，因变量设为 y：当 y = 0 时，居民不愿意以基础水价提升的方式进行补偿；当 y = 1 时，居民愿意以基础水价提升的方式进行补偿。假设 $Z = \alpha_0 + \alpha_1 x_1 + \alpha_2 x_2 + \cdots\cdots + \alpha_n x_n$ 为居民是否同意支付补偿的变量线性函数，具体模型设定为：

$$Y = \alpha_0 + \alpha_1 HOV + \alpha_2 ENV + \alpha_3 REC + \alpha_4 EXV + U \qquad (8.1)$$

式（8.1）中：Y 为居民愿意以基础水价提升作为补偿方式接受意愿；HOV 为家庭基本特征变量；ENV 为外部环境；REC 为现状评价；EXV 为居民认知；U 为随机干扰项。

（2）扩展线性支出系统（ELES）模型

居民水价承受能力受诸多因素影响，目前大多数研究从居民收入分配角度分析其水价承受能力（周春应，2010）。扩展线性支出系统（Extended Linear Expenditure System，简称 ELES）模型是由美国经济学家 Luch 于 1973 年在线性支出系统模型基础上提出的一种需求函数模型，该模型主要被用于研究收入分配对居民承受能力的影响（张洪雷等，2014）。该模型包括三个假设条件：①在特定时期内消费者对每种商品的需求量取决于自身收入与每种商品价格；②消费者对商品的需求分为基本需求与额外需求两部分；③基本需求与收入无关，消费者在满足基本需求基础上，将剩余收入根据边际消费倾向安排每种非基本消费支出。本研究将抚顺市区和沈阳城市段居民期望流域上游保护水源地，实现水资源持续供给和水源清洁视作在满足基本用水量条件下的额外需求，引入 ELES 模型探析两市城市居民通过基础水价提升对上游水源地补偿的承受能力。ELES 模型的基本形式为（郝春红，2014）：

$$p_i q_i = p_i r_i + \beta_i (I - V) \quad (i = 1, 2, \cdots\cdots, n) \tag{8.2}$$

式中：p_i 为第 i 类商品的价格，q_i 为第 i 类商品的实际需求量，r_i 为第 i 类商品的基本需求量，β_i 为第 i 类商品的边际消费倾向，I 为可支配收入；V 为基本需求总支出。

样本数据为截面数据，$p_i r_i$ 与 V 均为常数，可以设：

$$\alpha_i = p_i r_i - \beta_i V \quad (i = 1, 2, \cdots\cdots, n) \tag{8.3}$$

公式（8.2）可以变换为：

$$p_i q_i = \alpha_i + \beta_i I \quad (i = 1, 2, \cdots\cdots, n) \tag{8.4}$$

采用最小二乘法对公式（8.4）参数 α_i 与 β_i 进行估计。

8.1.5 抚顺市区与沈阳城市段居民对提升基础水价的接受意愿影响因素分析

本书借助统计软件 stata 12.0 对二元 Logit 模型进行参数估计（见表 8－5）。

表 8－5　　模型总体回归结果

变　量	Logit 模型回归结果			
	系数	标准差	统计量	P 值
家庭年收入	0.7829	0.2780	2.8200	0.0050
家庭年用水量	－0.9991	0.5072	－1.9700	0.0490
政府重视流域水源地保护	0.4632	0.5357	0.8600	0.3870
政府制定生态补偿政策	0.9649	0.4801	2.0100	0.0440
实施阶梯水价制度	0.4308	0.4072	1.0600	0.2900
水资源供给的满意程度	0.6166	0.4419	1.4000	0.1630
水质的满意程度	－0.9321	0.4252	2.1900	0.0280
上游森林资源对下游水资源的影响	0.3817	0.4552	0.8400	0.0420
确保居民用水安全	0.8953	0.4103	2.18	0.2900
Cons	－18.0113	4.4772	－3.94	0.00

Logit模型的检验结果验证了前面5个假说，可以得出如下结论：

第一，家庭年收入对居民接受意愿的影响显著。家庭年收入的自然对数值每提高1%，居民接受意愿的概率增加78.29%。按照家庭年收入高低划分，与收入较低的居民相比，收入高的居民具有较强的“自利”动机，更希望得到优质的水资源，支付愿意较为强烈。

第二，家庭年用水量与接受意愿呈反向相关关系，用水量变化1%，其接受意愿反方向变化99.91%，充分说明家庭年用水量变化对接受意愿影响十分显著，其中阶梯水价作为潜在变量间接作用于接受意愿。居民年用水量按不同梯级价格支付水费，水价上涨，使得用水量越多的家庭，额外支出增加，其接受意愿变弱。

第三，流域生态补偿政策作为外部环境变量，对居民的接受意愿产生正外部影响。为了弥补上游水源地林农因保护森林资源而自身发展权利受限，2008年辽宁省实施流域生态补偿政策，确定水源涵养林建设重点区域为生态补偿范围。

第四，生态补偿政策的制定，提升了水资源受益者对上游森林资源影响下游水资源的认知，森林资源、水资源在时间和空间上与居民自身利益密切相关，为了能够得到优质水源，大多数居民愿意支付补偿资金。

第五，水质的满意度与居民的接受意愿呈负相关关系。居民作为参与者会对水资源现状评价，水质情况不满意，居民改善水质的要求明显提高，为了实现保持上游水源供给和净化水质的目的，愿意付出额外费用对水源地补偿，接受基础水价提升这种补偿方式的意愿越强烈。

在“参与者智力决策模型”中，城市居民作为生态补偿的参与者，首先受到自然、政治、经济和文化等外部环境与生态补偿政策的影响，通过对水资源现状的满意度作为感知程度进行评价。根据维克多·弗罗姆（Victor Vroom）的期望理论，参与者付诸行动的动力取决于预期达成结果可能性与个人需求实现满足的估计（王克强等，2010），这意味着城市居民估计改善水资源目标实现的概率与接受意愿的积极性呈正相关关系。城市居民作为“理性自利”的个体，从自利的角度看，在决定支付补偿资金前，会对水资源状况是否能够改善的结果与自身能否直接获益、渴望获得优质水源的需求程度能否满足进行预测；从理性的角度看，城市居民以整个社会为目标，具有群体利益最大化的思维倾向，最后做出是否支付补偿资金的决策。为了满足得到优质水源的需求，城市居民具有较强的理性自利动机，直接激励其接受基础水价提升作为补偿的意愿，最终实现改善整个流域水资源环境，确保水资源有效供给和用水安全，推动经济、社会与生态可持续发展的目的。

8.1.6 城市居民对提升基础水价的承受能力分析

(1) 承受能力范围分析

根据《沈阳统计年鉴 2016》与《抚顺统计年鉴 2016》中城市住户人均主要收支指标分类，本章城市居民基本支出包括食品烟酒、衣着、家庭设备用品及服务、医疗保健、交通和通信、教育文化娱乐服务、居住与杂项商品和服务八个方面，水费实际支出为基本水费支出与基础水价提升支出的总和。依据 ELES 模型进行参数估计（见表 8－6），抚顺市区和沈阳城市段居民基础水价提升对上游水源地补偿的消费支出参数估计值 α 与 β 数估计值通过了 1% 显著水平检验，R^2 均大于 0.85，模型拟合较好，ELES 模型可以用来实证分析抚顺市区和沈阳城市段居民通过提升基础水价对上游水源地补偿的承受能力。

表 8－6　不同收入水平对基础水价提升的承受能力指数

参数	最低收入	较低收入	中等收入	较高收入	最高收入
α	136.1293 (6.0047)	153.9379 (2.5057)	156.4785 (3.8206)	164.6053 (5.1210)	162.4537 (4.4629)
β	0.00094 (0.00016)	0.00087 (0.00098)	0.00082 (0.00042)	0.00079 (0.00084)	0.00076 (0.00015)
R_2	0.8553	0.8885	0.9064	0.8915	0.9203
F	47.97	79.68	51.37	63.14	50.74

注：按照《沈阳统计年鉴 2016》与《抚顺统计年鉴 2016》将收入类型分为最低收入户、较低收入户、中等收入户、较高收入户和最高收入户 5 组。

根据表 8－6 抚顺市区和沈阳城市段不同收入居民基础水价提升对上游水源地补偿的消费支出差异较小，边际消费倾向介于 0.00076 与 0.00094 之间，说明居民在满足基本用水需求基础上，基础水价提升的补偿支出占剩余可支配收入的比例很小，剩余可支配收入增加一个单位，用于基础水价提升的补偿支出仅增加 0.076% ~0.094%，意味着水价提高仍在不同收入居民的承受能力范围之内（周春应，2010）。

（2）承受能力范围界定

根据 ELES 模型估计结果，基础水价提升对上游水源地补偿在不同收入居民的承受能力范围之内。不同收入居民对水价提高幅度都表现出模糊性，本文运用模糊数学法对居民基础水价提升接受意愿分别被赋值 1、3、5、7 和 9（表 8 -7），引入居民接受指数表征不同收入居民对每个水价提高幅度的接受程度，指数越大，可接受程度越高（赵永刚和郑小碧，2013）。居民接受指数公式（Comprehensive Index of Acceptance）为：

$$F_{mnk} = F_{mk} A_{mnk} \tag{8.5}$$

$$F_{mn} = \sum_{k=1}^{5} F_{mnk} A_{mnk} \tag{8.6}$$

式中：m 为居民收入水平，n 为水价提高幅度，k 为居民对不同水价提高幅度的接受态度，A_{mnk}为居民不同水价提高幅度的态度所占比重，F_{mk}为不同收入居民对某一种水价提高幅度的接受程度；F_{mnk}为不同收入水平居民对 n 种水价提高幅度的接受程度，F_{mn}为居民对 n 种水价提高幅度的接受指数。

表 8 -7　城市居民对基础水价提升的接受态度

选项	接受态度描述	赋值
Ⅰ	水价提高，不接受	1
Ⅱ	水价提高，增加家庭额外支出，不愿意接受	3
Ⅲ	水价提高，勉强接受	5
Ⅳ	水价提高在我承受范围内，可以接受	7
Ⅴ	水价提高，完全可以接受	9

根据式（8.5），得出抚顺市区和沈阳城市段居民对不同水价提高幅度的接受指数（见表 8 -8）。不同收入居民的接受程度存在差异，在水价提高幅度 0.1 元/立方米与 0.5 元/立方米之间，与低收入居民相比，高收入居民对基础水价提升补偿上游水源地的接受意愿更强。随着水价增加，不同收入水

平变化趋于一致，高收入居民与低收入居民都倾向于接受较低的水价提高幅度。水价提高小于或等于0.2元/立方米时，最高收入居民与最低收入居民的接受指数都大于5，意味着居民愿意接受此水价；水价提高大于0.2元/立方米时，所有居民的接受指数约在3左右，表明居民不愿意承受此范围的水价提高的成本。

表8－8　　抚顺市区和沈阳城市段居民水价提高幅度的接受指数

水价提高幅度	最低收入		较低收入		中等收入		较高收入		最高收入	
	沈阳	抚顺	沈阳	抚顺	沈阳	抚顺	沈阳	抚顺	沈阳	抚顺
0.10（元/立方米）	7.20	7.06	7.42	7.27	7.65	7.51	7.92	7.74	8.21	8.10
0.15（元/立方米）	5.38	5.24	5.59	5.46	5.64	5.52	5.81	5.66	6.25	6.11
0.20（元/立方米）	5.13	5.02	5.22	5.14	5.31	5.23	5.43	5.30	5.52	5.39
0.25（元/立方米）	3.55	3.28	3.61	3.44	3.83	3.64	4.01	3.85	4.22	4.07
0.30（元/立方米）	3.20	3.08	3.32	3.16	3.51	3.25	3.72	3.41	3.98	3.65

根据式（8.6），得出抚顺市区和沈阳城市段不同收入居民对基础水价提升的接受指数（见表8－9），通过城市居民对水价提高幅度与接受指数间关系，拟合其趋势线。

表8－9　　城市居民对水价提升幅度的接受指数

水价提升（元/立方米）	0.10		0.15		0.20		0.25		0.30	
	沈阳	抚顺	沈阳	抚顺	沈阳	抚顺	沈阳	抚顺	沈阳	抚顺
接受指数	7.68	7.54	5.74	5.60	5.32	5.22	3.84	3.66	3.55	3.31

从拟合曲线上可以看出，0.1到0.2元间，接受指数下降速度较快；当水价提高幅度达到0.2元后，曲线变缓，接受指数过渡到居民不接受范围（见图8－2、图8－3）。为了确定沈阳城市段（抚顺市区）居民对基础水价提升幅度的接受区域，分别在拟合曲线两个端点A（H）和B（I）做切线AC（HJ）与BD（IK），将两条切线相交于点E（L），通过E（L）点作两条切线的交角角平分线EF（LM），与拟合曲线交于G（N）点。点A（H）、E（L）和G（N）围成的面积AEG（HLN）为沈阳城市段（抚顺市区）居民对水价

提高的接受区域，点 B（I）、E（L）和 G（N）围成的面积 BEG 为水价提高的不接受区域。G 点（0.18，5.07）与 N 点（0.18，4.95）分别是抚顺市区和沈阳城市段居民对基础水价提升由接受向不接受转变的临界点，意味着居民接受水价提高幅度在小于 0.18 元范围内，与式（8.6）测算居民接受指数在 0.2 元内都愿意接受的结果存在差异，其原因在于调查问卷中居民通过基础水价提升对上游水源地补偿的投标值设置。投标值直接从 0.15 元过渡到 0.2 元，仅仅估算了居民接受水价提高幅度的大致范围，隐含着居民对基础水价提升幅度的真实态度，但为准确测算抚顺市区和沈阳城市段居民接受水价提高幅度临界值 0.18 元/立方米提供了参考依据。

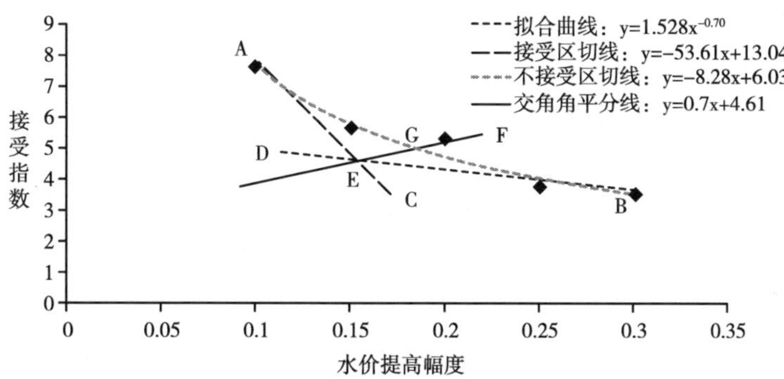

图 8-2　沈阳城市居民接受指数与水价提高幅度

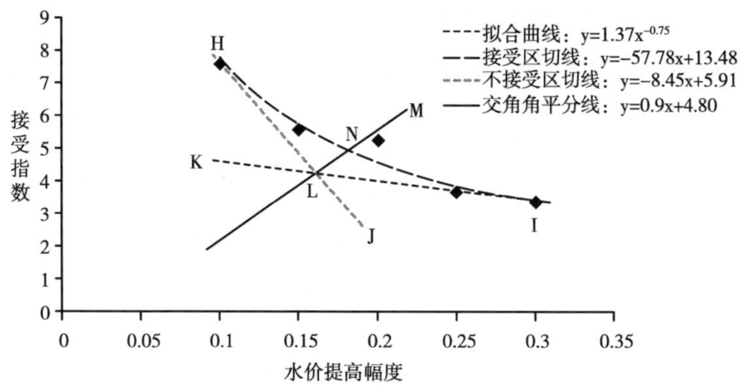

图 8-3　抚顺城市居民接受指数与水价提高幅度

8.2 浑河流域下游其他地区居民森林生态补偿意愿与支付水平分析

8.2.1 居民森林生态补偿支付意愿变量设定

流域森林生态补偿支付意愿反映了受益地区利益主体为水源地森林生态服务功能维持与森林生态环境改善进行经济补偿的程度。根据已有研究成果，流域生态补偿的意愿涉及诸多因素，既有客观因素，也有主观因素；既包括受访者个体以及家庭特征，还包括受访者对流域生态环境的现状满意度与认知的影响，因此，解释变量是复杂多元的。本文探索性地选取 18 个自变量，主要包括外部环境、居民个体特征、水资源现状、居民认知四个方面。外部环境指政府重视流域水源地保护、制定流域水污染防治管理办法与流域生态补偿政策；个体特征变量分别为受访者的性别、年龄、受教育程度、家庭人口数和个人月收入；流域居民对水资源现状主要考虑水资源供给与水质两方面，选择水资源供给的满意程度、居民对水质的满意程度作为衡量指标；居民对流域水资源生态环境的认知是影响其支付意愿的重要变量，依据认知心理学的理论，受访者信念、认知决定其偏好，进一步影响其意愿与决策（Denzau，1993）。此外，流域上游森林资源对下游水资源的影响、维持和提升水量、改善水质与改善局域小气候被视作反映居民认知的变量。

所选择指标彼此具有一定的相关性，存在信息重叠，通过主成分分析对原始数据降维，在保持原有变量大部分信息的情况下，确保所含信息互不重复。根据特征值累计方差贡献率大于 85% 的原则，共提取两个主成分，其特征值分别为 7.27、0.68，相应的方差贡献率分别为 81.54% 与 7.05%，累积贡献率达到 88.59%（见表 8－10）（李连香，2015）。最终筛选出主要影响变量 8 个，分别为：年龄、个人月收入、政府制定生态补偿政策、居民对水资源供给的满意程度、居民对水质的满意程度、上游森林资源对下游水资源的影响、调节水量与改善局域小气候。

表 8－10　主成分贡献率

初始特征值				提取平方和		
成分	特征值	方差贡献率（%）	累积贡献率（%）	提取特征值	方差贡献率（%）	累积贡献率（%）
1	7.27	81.54	81.54	7.27	81.54	81.54
2	0.68	7.05	88.59	0.68	7.05	88.59
3	0.43	4.77	93.35	—	—	—
4	0.53	5.74	99.09	—	—	—
5	0.06	0.67	99.76	—	—	—
6	0.18	0.24	100.00	—	—	—
7	6.32E－17	7.18E－16	100.00	—	—	—
8	－1.94 E－16	－2.25 E－15	100.00	—	—	—

8.2.2　样本特征描述

从辽中县、辽阳县、灯塔市、海城市和台安县五个地区的居民对于浑河流域水源地森林生态补偿的总体样本看，在调查对象中，男性、女性人数分别为 231 人与 190 人，其比例约为 1∶1；从年龄结构来看，31～40 岁与 41～50 岁人数较多，占样本总量的 73.82%；从居民文化程度来看，调查对象的受教育程度主要为高中水平，占样本总量的 43.25%；从家庭结构来看，人口数集中于 2～4 人，共占样本总量的 85.77%；个人月收入情况，2 001～3 000 元与 3 001～4 000 元所占比例最大，占样本总量的 74.30%（见表 8－11）。

表 8－11　调查对象的基本特征

基本特征	选项	样本量	比例（%）
性别	男	221	52.49
	女	200	47.51

续表

基本特征	选项	样本量	比例（%）
年龄	18～30岁	44	10.34
	31～40岁	170	40.27
	41～50岁	141	33.55
	51～60岁	52	12.43
	60岁以上	14	3.41
受教育程度	小学（0～6年）	31	7.28
	初中（6～9年）	111	26.41
	高中（9～12年）	182	43.25
	大学（12年）	74	17.46
	研究生	24	5.60
家庭人口数	2人及以下	161	38.21
	3～4人	200	47.56
	5人以上	60	14.23
个人月收入	2 000元以下	44	10.40
	2 001～4 000元	158	37.56
	4 001～6 000元	145	36.74
	6 000元以上	64	15.30

数据来源：根据调查问卷整理获取。

8.2.3 居民流域森林生态补偿意愿

辽中县、辽阳县、灯塔市、海城市和台安县的居民对浑河流域水源地森林生态补偿的支付意愿与支付水平主要取决于其对流域森林生态补偿对保护与改善流域水资源生态环境的认知。依据流域森林生态补偿的调查结果，愿意支付补偿资金并同意通过缴纳水费支付的人数为322，占调查样本总量的77.72%，具有正支付意愿；不愿意支付补偿资金人数为99，视其支付意愿为0，零支付意愿人数所占比例为23.52%，符合国际标准的统计范围20%～35%（张宏志，2017）。

8.2.4　居民流域森林生态补偿的认知分析

在实地调查过程中，79.57%居民支持流域生态补偿政策，该政策有利于流域森林生态环境保护与水源地建设；针对浑河流域下游水资源现状，80.29%与77.43%的居民分别对流域水资源供给量与流域水环境质量较为满意；浑河流域上游森林资源具有涵养水源、净化水质和调节水量等生态服务功能，71.02%的居民认为上游森林资源对下游水资源有重要影响。为了维持与改善流域水环境生态服务功能，下游居民认为上游森林资源对下游水资源起调节水量、净化水质以及调节局域小气候作用十分重要的比例分别为67.70%、69.83%与71.97%（见表8-12）。

表 8-12　　居民对流域森林生态补偿的认知

认知程度	选项	样本数	比例（%）	认知程度	选项	样本数	比例（%）
政府制定流域生态补偿政策	不重要	15	3.56	居民对水资源供给的满意程度	不满意	18	4.28
	不太重要	31	7.36		不太满意	29	6.89
	一般重要	40	9.50		一般	36	8.55
	比较重要	107	25.42		比较满意	104	24.70
	非常重要	228	54.16		非常满意	234	55.58
居民对水质的满意程度	不满意	17	4.04	上游森林资源对下游水资源有影响	不重要	21	4.99
	不太满意	32	7.60		不太重要	38	9.03
	一般	46	10.93		一般重要	63	14.96
	比较满意	108	25.65		比较重要	117	27.79
	非常满意	218	51.78		非常重要	182	43.23
上游森林资源调节下游水资源供给	不重要	26	6.18	上游森林资源净化下游水资源水质	不重要	28	6.65
	不太重要	40	9.50		不太重要	34	8.08
	一般重要	70	16.63		一般重要	65	15.44
	比较重要	108	25.65		比较重要	131	31.12
	非常重要	177	42.04		非常重要	163	38.72

续表

认知程度	选项	样本数	比例（%）	认知程度	选项	样本数	比例（%）
流域具有改善局域小气候的作用	不重要	21	4.99				
	不太重要	45	10.69				
	一般重要	52	12.35				
	比较重要	135	32.07				
	非常重要	168	39.90				

数据来源：根据调查问卷整理获取。

8.2.5 居民浑河流域森林生态补偿意愿支付水平测算

流域森林生态补偿意愿支付水平是指流域下游受益地区利益主体愿意并能够支付森林生态补偿的货币额度，反映受益地区利益主体维持或改善水源地森林生态环境的经济支付能力，通常按照一年的支付水平进行测算，体现了下游受益地区利益主体每年对浑河流域上游水源地森林资源生态补偿所支付的最大经济补偿支出。根据受访者的流域森林生态补偿支付意愿水平描绘投标数额的人数频率分布（见图8－4），补偿意愿值分布在0元/年、5元/年、10元/年、12元/年、15元/年与20元/年，其中支付意愿水平为12元/年的人数最多，占样本总量的42.76%，其次是支付意愿水平为10元/年与15元/年的人数最多，分别占样本总量的10.93%与10.45%。

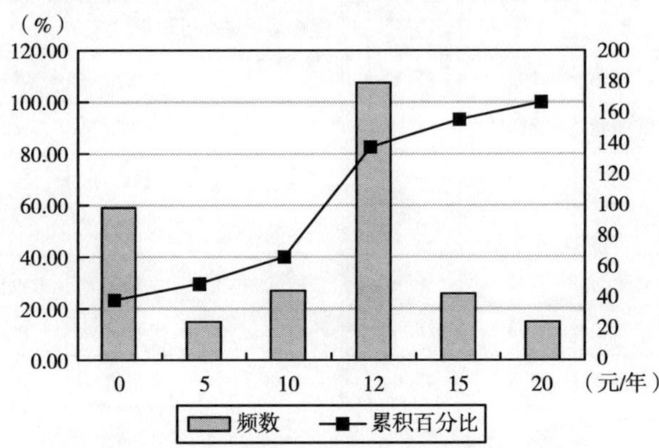

图8－4 居民森林生态补偿意愿支付水平分布

根据居民流域森林生态补偿意愿对应的频率分布情况与图 8－4 居民森林生态补偿意愿支付水平分布直方图，借助于离散变量的数学期望公式计算出浑河流域下游其他地区居民最大森林生态补偿意愿期望值为：

$$E(WTP) = \sum_{i=1}^{6} A_i P_i \tag{8.7}$$

式中：A_i 为投标值；P_i 为受访者选择第 i 投标值的概率。

根据公式（8.7）计算，下游其他地区居民最大森林生态补偿意愿平均值为 12.16 元，辽中县、辽阳县、灯塔市、海城市与台安县居民最大森林生态补偿意愿值分别为 12.63 元、12.35 元、12.38 元、11.86 元与 11.57 元（见表 8－13）。

表 8－13　下游其他地区居民森林生态补偿支付水平　单位：元

流经区域	辽中县	辽阳县	灯塔市	海城市	台安县
补偿意愿水平	12.63	12.35	12.38	11.86	11.57

8.2.6　浑河流域下游其他地区居民森林生态补偿意愿影响因素分析

(1) 居民森林生态补偿意愿影响因素前提假设

参照已有的研究成果，影响居民对流域上游生态补偿意愿及其因素主要除了受政府制定流域生态补偿政策等外部环境因素影响外，流域下游城市居民在做出是否愿意支付补偿金额前，根据个人收入情况以及对流域水资源生态环境现状的感知程度、上游森林资源生态服务功能对下游水资源影响的认知程度、能否实现水量维持或提升与水质改善的期望结果，做出是否愿意补偿与补偿多少的决定。流域下游城市居民对于流域森林生态补偿支付意愿主要受外部环境、受访者个体特征以及感知程度与认知程度影响（赵玉，2017），具体包括如下几个方面：

第一，外部环境因素。浑河流域上游森林生态系统的涵养水源与保持水土的生态服务功能增强，也为下游地区经济发展提供了保障，但自身发展却受到限制，导致经济发展与生态建设之间的矛盾日益突出。因此，针对上游林农保护森林资源造成的福利损失，适当地给予补偿尤为必要。大伙房水源保护区作为国家湖泊生态环境保护试点，其保护地水源涵养林被纳入补偿范围。2008 年，辽宁省为加快生态环境建设步伐，保护流域上游水源地，制定了“东部生态重点区域实施财政补偿政策”，选择生态公益林和大型水库所在地的县作为生态补偿对象。为了加强浑河流域生态环境治理，环保部门相继出台了《辽宁省大伙房水库水源保护管理暂行条例》与《辽宁省大伙房水库输水工程保护条例》。如果单位或个人直接或者间接向水体排放污水和倾倒固体废弃物，将会受到相应的处罚。

假说 1：政府重视流域水源地保护、制定流域水污染防治管理办法与流域生态补偿政策等外部影响因素与居民流域森林生态补偿意愿呈正相关关系，即保护流域水源地生态环境和流域森林生态补偿政策越丰富，使居民更加清楚流域上游水源地森林生态环境对下游水资源的影响，居民补偿意愿越强。

第二，居民的基本特征。在国内外关于补偿意愿研究的已有成果中，受访者的性别、年龄、文化程度、职业及个人收入对被解释变量有着显著影响（周晨，2015）。根据大多数研究成果显示，不同性别对支付生态补偿资金存在差异性，与女性相比，男性更愿意通过支付生态补偿资金达到保护生态环境的目的。年龄大的受访者不愿意支付补偿资金或是支付补偿资金较少，其原因在于随着年龄增长，劳动能力下降，经济收入受限，与年轻受访者相比，自身受益年限较短。受访者的文化程度也是影响其补偿意愿的重要因素。水源地森林生态环境的认知与受访者的文化程度密切相关，文化程度越高的受访者借助网络媒体和各种媒介等多种渠道获取流域水源地森林生态环境保护与建设重要性的信息，为了保护与改善流域生态环境，支付补偿资金的意愿较为强烈。从事行政、教学、科研与个体经营的受访者更倾向于支付生态补偿资金。受访者的个人收入水平作为重要的解释变量不可忽视，收入较高群体对居住环境与流域水资源生态环境对居住条件的影响较为关注，由于较高的经济收入使其具备较强的生态补偿支付能力，受访者对居住条件改善与生活质量提高的期望使其支付补偿资金改善流域生态环境的偏好程度更高（陈莹，2017）。

假说 2：居民流域森林生态补偿意愿受性别、年龄、文化程度、职业及个人收入的影响。男性居民支付意愿高于女性居民；与年老居民相比，年轻居民更愿意支付补偿资金；从事收入水平越高的职业居民更趋于愿意支付补偿资金；文化程度、个人收入和家庭收入与居民对流域森林生态补偿意愿呈正相关关系，即文化程度和家庭收入越高，支付意愿越强烈。

第三，居民对流域水资源生态环境的满意度。居民做出支付补偿资金决策前对流域生态环境现状的感知程度与收益期望是最终决策的依据。流域水资源生态环境具有调节水量、净化水质与改善区域小气候的生态服务功能，居民会根据流域水资源生态环境现状，对流域水资源供给量、水资源污染的满意程度做出判断。倘若水量减少、水资源污染严重等流域水资源生态环境与自然景观遭到破坏，尤其夏天，随着气温升高，流域水质恶化，散发难闻的气味，会给沿岸居民生活带来空气污染的负面影响（史恒通，2015）。为了改善流域水资源生态环境，大多数沿岸居民愿意通过支付补偿资金用以保持或增加水资源供给量与提升水质（李磊，2016）。流域水资源生态环境直接关系着沿岸居民居住条件，居民环境意识越高，其补偿意愿越强，即保护与改善流域水资源生态环境的生态补偿意愿越强。

假说 3：居民对流域水质与水资源供给量的满意度与居民的生态补偿意愿呈负相关关系，即居民对水质与水资源供给量的满意程度越低，支付流域森林生态补偿资金的意愿越高。

第四，居民对流域水资源生态环境的认知。居民是否关注流域生态环境关系着其对流域水资源生态环境的认知态度。重视流域水资源生态环境的居民体现出对流域生态环境信息偏好倾向，与被动接受流域生态环境信息的居民相比，主动搜集信息的居民主动了解和关注流域水资源和水源地生态环境以及水源地补偿等的动态情况，引发其针对流域水资源生态环境对居民生活环境和社会经济发展产生影响的思考，积极寻找科学、合理地应对措施。流域水资源生态环境遭到污染与破坏，使沿岸居民体会到恶化的流域水资源生态环境对其生产、生活造成严重的负面影响，使其深深地认识到保护流域水资源生态环境与水源地生态环境的重要性（张宏志，2017）。由于流域上游森林资源具有涵养水源、净化水质和调节水量等生态服务功能，为了保护水源地，政府制定相关林业限制政策，上游林农发展权利受限，由于生态补偿机制不完善，林农保护环境的积极性受挫，生态环境呈现出恶化趋势，水源保护区的面积越来越小，蓄水能力变弱。为了确保水资源持续供给和优质水源，大部分居民十分重视水资源保护与建设，愿意对流域上游水源地居民进行补偿，做出自己的贡献。

假说 4：居民对流域水资源生态环境的认知与其森林生态补偿意愿呈正相关关系，即居民认知程度越高，越倾向于支付流域森林生态补偿资金。

（2）模型建立

调查数据中有 23.52% 下游居民不愿意支付流域森林生态补偿资金，意味着因变量观察值为零。探究下游居民补偿意愿及影响因素时，审查不愿意支付补偿的观察值是对居民补偿意愿水平无偏估计的保证。Tobit 模型有效解决这一问题，在参数估计过程中，将不愿意支付补偿资金下游居民的观察值纳入估计范围（接玉梅，2014）。

建立计量模型如下：

$$Y = \alpha_0 + \alpha_1 HOV + \alpha_2 ENV + \alpha_3 REC + \alpha_4 EXV + U \qquad (8.8)$$

式中：Y 为流域下游居民森林生态补偿意愿的投标值；HOV 为家庭基本特征变量；ENV 为外部环境；REC 为现状评价；EXV 为居民认知；U 为随机干扰项。

（3）稳健性检验

本章借助统计软件 Stata 12.0 利用 Tobit 估计法的 Interval Regression 模型进行参数估计，为了进一步检验模型的可行性与有效性，通过改变因变量的设置，对模型重新估计（张燦婧，2015）。将原有的因变量设置为二分类变量（0，1），不愿意支付定义为 0，愿意支付定义为 1，引入二元 Logit 模型对回归结果进行检验（见表 8－14）。

表 8－14　Tobit 模型与 Logit 模型回归结果

变　量	Tobit 模型回归结果				Logit 模型回归结果			
	系数	标准差	统计量	P 值	系数	标准差	统计量	P 值
性别	－2.2872	1.3766	－1.46	0.108	1.4246	0.2254	1.50	0.032
个人月收入	2.9231	1.1532	2.86	0.004	2.6533	0.8054	3.29	0.001

续表

变　量	Tobit 模型回归结果				Logit 模型回归结果			
	系数	标准差	统计量	P 值	系数	标准差	统计量	P 值
政府制定生态补偿政策	0.9861	0.6230	1.53	0.115	0.7407	0.6957	1.06	0.287
居民对水资源供给的满意程度	0.0658	0.2613	0.21	0.814	0.4350	0.4093	1.06	0.288
居民对水质的满意程度	1.3147	2.9974	0.38	0.649	-0.4479	0.5269	-0.85	0.395
上游森林对下游水资源有影响	6.1374	2.1276	2.95	0.003	1.5812	0.5486	2.88	0.004
上游森林调节下游水资源供给	0.1613	0.0542	2.76	0.005	1.7649	0.5122	3.45	0.001
改善局域小气候	3.2514	1.007	3.14	0.001	0.4641	0.4079	1.14	0.255
Cons	-2.1537	4.9642	-1.58	0.105	1.3188	3.1347	0.42	0.674

（4）居民森林生态补偿意愿影响因素分析

根据表 8-14 对比结果可知，Tobit 模型的自变量回归系数和显著性与 Logit 模型检验结果趋于一致，说明 Tobit 模型拟合较好，能够合理解释变量之间的相互关系。由 Tobit 模型回归方程的显著性水平得知，个人月收入、上游森林资源对下游水资源的影响与上游森林资源调节下游水资源供给非常显著，其他变量均不显著。Logit 模型的检验结果验证了前面的 5 个假说，可以得出如下结论：

个人月收入对居民补偿意愿的影响显著。尤其收入高的居民具有较强的“自利”动机，由于流域水资源对沿岸居民具有改善局域小气候、净化空气的作用，更希望得到优质的生活环境，补偿愿意较强。

上游森林资源对下游水资源影响的居民认知与城市居民支付意愿呈正向相关关系。生态补偿政策的制定，提升了水资源受益者对上游森林资源影响下游水资源的认知，森林资源、水资源在时间和空间上与居民自身利益密切相关，为了能够得到优质水源，大多数居民愿意支付补偿资金。

上游森林资源调节下游水资源供给的居民认知与城市居民补偿意愿呈正向相关关系。目前，浑河河流流量逐年减少，居民作为参与者会对水资源现状评价，为了保持或增加浑河流域径流量，愿意付出补偿资金，激励上游林农改善水源地森林生态服务。

8.3 本章小结

本章运用“IAD”延伸模型对浑河流域下游抚顺市区与沈阳城市段居民以基础水价提升作为生态补偿方式的接受意愿以及影响因素进行了初步探究，借助“ELES”模型进一步分析居民对基础水价提升的承受能力；对于浑河流域下游的辽中县、辽阳县、灯塔市、海城市和台安县五个地区采用WTP方法测算其补偿意愿值，借助Tobit与Logit模型对其影响因素进行了分析。主要研究结论如下：

第一，为了实现流域上游保护水源地、水资源持续供给和水源清洁，74.60%抚顺市区与沈阳城市段居民作为受益者愿意通过基础水价提升方式对流域上游水源地进行补偿。“IAD”延伸模型的估计结果显示，居民对基础水价提升作为补偿方式的接受意愿受个体及家庭特征、外部环境、现状评价与认知等多维度变量综合影响。参与者会遵循“在外部环境影响的条件下，对水资源现状的满意度评价与认知，通过权衡支付补偿资金能否满足改善水资源状况需求，最终做出有利决策”的思维路径判断是否支持这一新的补偿方式。家庭年收入、政府制定生态补偿政策、居民对上游森林资源影响下游水资源的认知和水质改善的满意程度与居民接受意愿呈正相关关系，而家庭用水量与接受意愿呈负相关关系。

第二，根据ELES模型回归结果，抚顺市区与沈阳城市段居民在满足基本用水需求基础上，基础水价提升的补偿支出占剩余可支配收入的比例很小，不同收入居民基础水价提升对流域生态补偿的消费支出存在差异性，但水价提高仍在城市居民的承受能力范围之内。

第三，基础水价提升幅度在0.1~0.3元/立方米之间，点（0.18，5.07）与点（0.18，4.95）分别是抚顺市区与沈阳城市段居民对基础水价提升由接受向不接受转变的临界点，水价提高幅度小于0.18元/立方米为居民接受区域，大于0.18元/立方米为居民拒绝区域。

第四，浑河流域下游的辽中县、辽阳县、灯塔市、海城市和台安县五个地区的76.48%居民意愿对上游水源地林农支付补偿资金，补偿金额分别为12.63元、12.35元、12.38元、11.57元与11.86元，总体平均补偿意愿水平为12.16元。

第五，浑河流域下游的辽中县、辽阳县、灯塔市、海城市和台安县的居民补偿意愿受个人月收入的个体特征、上游森林资源对下游水资源影响与上游森林资源调节下游水资源供给的居民认知等变量显著影响，这些影响因素均与居民补偿意愿呈正相关关系。

第9章

浑河流域森林生态补偿标准测算与补偿资金分配

本章以调查结果为出发点，利用上游林农受偿意愿与下游居民补偿意愿测算浑河流域森林生态补偿标准，即补偿资金额度，依据流域面积、流域上游水源地森林面积与流域上游向下游空间流转的森林生态服务价值三个因素加权平均，在得到上游各地区贡献系数的基础上，分配补偿资金。

在流域森林生态补偿过程中，合理、科学地确定补偿标准是关键，直接影响生态补偿机制有效运行与实施效果。补偿标准的实质，即确定“补偿多少”能够弥补上游保护水源地而失去经济发展权利的失衡，激励上游居民保护水源地森林资源的积极性，使水源地居民与受益区居民利益双方优势互补，协调区域间损益关系。现阶段，流域生态补偿金额主要归结为三个方面：一是机会成本。上游地区为了保护流域生态环境，自身发展权利受限所造成的损失、环境保护投入的成本与治理污染的成本等，是流域生态补偿的最低值；二是流域生态服务价值增量。上游向下游在空间范围上提供涵养水源、调节水量、改善水质与保持水土等生态服务，使下游生态服务价值有所增加，是流域生态补偿的最大值；三是补偿意愿。最大补偿意愿为下游居民为改善流域生态环境愿意支付的最大金额，最小受偿意愿为上游居民保护流域生态环境而自身发展受限所接受补偿的最小金额。两者与利益相关者的个体特征、满意程度与认知密切相关，介于机会成本与生态服务价值增量之间，但受偿意愿与支付意愿的测算结果都不能单独作为流域森林生态补偿标准（郑海霞，2006）。因此，本章选择补偿意愿法确定补偿标准，利用流域上游林农受偿意愿与下游居民支付意愿综合确定补偿标准。

9.1　浑河流域森林生态补偿资金测算

流域森林生态补偿作为矫正流域内区域间利益分享机制、协调区域间损益关系，使利益相关者利用、保护和改善生态系统服务的行为外部效应内部化的有效手段，应体现流域区域间居民生活福利待遇水平的均等化，获取补偿资金需综合考虑受损林农的受偿意愿与受益居民的补偿意愿。

9.1.1 浑河流域上游林农森林生态受偿金额

浑河流域上游森林生态受偿金额为水源保护地水源涵养林面积与当地林农均最低受偿意愿以及意愿接受补偿林农所占比例的乘积（见表9－1）。

表9－1 上游林农森林生态受偿金额

流经区域	受偿意愿（元/亩）	受偿意愿（元/公顷）	水源涵养林面积（公顷）	合计（万元）
清原县	38.54	578.10	51 580.30	2 981.86
新宾县	38.14	572.10	49 718.23	2 844.38
抚顺县	36.96	554.40	45 662.17	2 531.51
合计	—	—	146 960.70	8 357.75

9.1.2 浑河流域下游居民森林生态补偿金额

浑河流域下游森林生态补偿金额包括抚顺市区和沈阳城市段居民生态补偿受偿资金与下游其他地区（辽中县、辽阳县、灯塔市、海城市和台安县）居民支付资金。其中，抚顺市区和沈阳城市段居民流域森林生态补偿金额为基础水价提升幅度与居民家庭用水量以及居民意愿支付补偿资金所占比例的乘积，下游其他地区（辽中县、辽阳县、灯塔市、海城市和台安县）居民流域森林生态补偿资金的支付额度为支付意愿值与居民愿意支付人数（总人数与支付意愿比例相乘）的乘积（见表9－2）。

表9－2 下游居民森林生态补偿金额

水源地	基础水价提升幅度（%）	家庭用水量（万/立方米）	支付意愿值（元/人）	意愿支付人数（万人）	合计（万元）
抚顺市区	0.18	8 771.50	—	—	1 578.87
沈阳城市段	0.18	21 183.00	—	—	3 812.94
辽中县	—	—	12.63	40.76	502.17
辽阳县	—	—	12.35	43.59	501.29
灯塔市	—	—	12.38	38.24	448.65

续表

水源地	基础水价提升幅度（%）	家庭用水量（万/立方米）	支付意愿值（元/人）	意愿支付人数（万人）	合计（万元）
海城市	—	—	11.86	83.90	935.75
台安县	—	—	11.57	29.06	313.08
合计	—	29 954.50	—	235.55	8 092.75

9.1.3　浑河流域森林生态补偿资金测算

在流域生态补偿研究过程中，补偿标准确定是关键，补偿标准的测算方法是影响其准确性和合理性的重要因素。CVM 作为测算资源环境等公共物品补偿标准的常用方法，通过询问受访者的最大支付意愿 WTP 或最小受偿意愿 WTA 来实现。WTP 与 WTA 代表 CVM 评估同一公共物品的使用价值和非使用价值两种不同表征尺度，两者的评估标准应该相等或是接近，然而在众多实证研究中普遍存在显著差异，这与经济学理论的预期相差较大（Horowitz，2002），而且 WTA 高于 WTP，甚至高出一个数量级（蔡志坚，2011）。Hammack（1974）以美国湿地水鸟捕猎权为研究对象，同时采用 WTP 与 WTA 评估其价值，结果发现两者相差 4.24 倍。Horowitz（2002）对 30 年来 WTP 与 WTA 存在差异的 45 个案例加以总结，指出前者比后者平均高出 7 倍。WTP 与 WTA 对同一公共物品的评估价值存在的差异受调查问卷设置、评估对象的特征及服务价值、受访者的个体特征与受访者对评估对象的认知等诸多因素影响（Venkatachalam，2004）。Coursey 等（1987）利用实验经济学的方法在不同时间对同一群体通过不断调整、缩小投标值的间距进行反复测试，结果发现细化、调整投标值间距有助于缩小 WTP 与 WTA 间的差距。受访者收入作为影响 WTP 与 WTA 的重要因素，在 WTP 方面，当受访者感受到购买公共物品会使其效用增变大，增加支付金额意愿增强（Brookshire，1987）。总之，WTP 与 WTA 之间的差异是一个复杂问题，诸多研究表明，WTA 通常大于 WTP（Kahneman，1990；Shogren，1994），然而两者的差距如何实现平衡并未有计量模型或政策设计解决。

本研究测算浑河流域森林生态补偿的 WTA 为 8357.75 万元大于 WTP 为 8 092.75万元，与 WTA 高于 WTP 的已有研究成果趋于一致，表明对于浑河流域森林生态补偿，上游林农受偿意愿与下游居民支付意愿的测算结果具有一定的可行性，但两者差距较小。其原因在于：（1）问卷设计。在正式实地调查前开展预调查，根据受访者的作答结果与反馈信息，修改、调整问题，完善问卷。在调查问卷设计中，首先进行情景设计和设置导入性问题，向受访者提供足够的信息并解释调查内容，便于受访者在了解浑河流域森林生态环境作用以及生态补偿意义的基础上理性作答，对于受访者理解 WTP 起到辅助作用，有利于其积极思考与流域生态环境相关的问题。双边界二分式问卷使受访者对于流域上游水源地森林生态环境支付意愿或是受偿意愿能够陈述真实的货币评价。（2）补偿方式。WTP 与 WTA 需要借助某种“途径”获取受访者陈述的资金数量，即补偿方式，采取不当的补偿方式会导致支付偏差。预调查问卷设置多种补偿方式，包括缴纳现金、征收生态税与提升基础水价等或是由受访者提供适当的补偿方式。在实地调查过程中，浑河流域下游抚顺市区与沈阳城市段大多数受访者倾向于通过提升基础水价的方式进行补偿，下游辽中县、辽阳县、灯塔市、海城市与台安县大多数受访者倾向于通过增加水资源费以缴纳水费的形式进行补偿。（3）投标值设置。CVM 调查中投标值设置是关键，尤其是起始值设置。受访者会被询问是否愿意支付或接受某起始金额，投标起始点的设定容易被受访者误解为“合适”的 WTA 或 WTP 范围，对受访者产生引导效果而导致偏差。对于浑河流域上游林农 WTA 调查，按照 WTA 的问卷设计思路，林农对假想市场定价方法不熟悉，不同林农拥有森林资源存在差异，缺乏衡量标准，很难准确给出最低森林生态补偿总值，将询问林农的最小 WTA 调整为“每亩最低补偿金额”。根据预调查结果，大部分林农最小 WTA 集中于在现有补偿标准 15 元/亩的基础上翻 1 倍（30 元/亩）与弥补森林造林与管护费用 40～50 元/亩，最小 WTA 与最大 WTA 分为 0 元/亩和 100 元/亩，投标值分别为 0、15、20、25、30、35、40、45、50、60、80 与 100。对于浑河流域下游居民 WTP 调查，抚顺市区与沈阳城市段大多数城市居民愿意提升基础水价的方式进行补偿，水价提升幅度主要集中于 0.1～0.2 元/立方米之间，最小 WTP 与最大 WTP 分为 0 元/立方米和 0.3 元/

立方米，投标值分别为 0、0.1、0.15、0.2、0.25 与 0.3。辽中县、辽阳县、灯塔市、海城市与台安县大多数受访者愿意缴纳水资源费的方式进行补偿，居民倾向于每月支付 1.0 元，平均 12.0 元/年，最小 WTP 与最大 WTP 分为 0 元/年和 20 元/年，投标值分别为 0 元/年、5 元/年、10 元/年、12 元/年、15 元/年与 20 元/年。总之，调查问卷合理设计有助于提升受访者对评估对象的认知，补偿方式适当选择能够缩小受访者支付偏差，投标值合理设置可以使受访者对流域上游水源地森林生态环境陈述真实的货币评价，实现 WTP 与 WTA 差异最小化并趋于平衡。

有些学者指出，单独测算 WTA 或 WTP 并不能有效确定补偿标准。为了解决 WTA 与 WTP 存在差异以及 WTP 作为补偿标准偏低的弊端，徐大伟等（2012）为了真实地反映当地居民的补偿意愿，对评价对象同时测量 WTP 和 WTA，取平均值确定补偿标准。这为确定流域森林生态补偿标准提供了解决思路。根据已测算的 WTA 总值与 WTP 总值，取两者的平均值，权重均为 0.5，流域森林生态补偿标准，即补偿资金为 8 225.25 万元。

9.2　浑河流域上游地区的贡献系数与补偿资金分配额度

9.2.1　浑河流域上游地区的贡献系数

在获取流域森林生态补偿资金的基础上，将其公平、合理地分配于流域上游水源地各地区是关键环节。目前，生态服务外溢效益的贡献系数的研究方法已有探索，用于确定生态补偿标准，主要包括专家赋权法、人口比例法与流域面积分摊法等（李彩红，2014）。以水资源为研究对象的流域生态补偿，补偿金额分配通常按照流域面积与入库河流水量两个因素确定补偿资金分配比例，即贡献系数（张宏志，2017）。流域森林生态补偿是在保护流域森林生态环境的前提下，上游林农维持或增强水源地森林涵养水源、净化水质、调节水量与保持水土的生态服务功能而自身发展受限的同时，为流域下游地区提供水资源所做出贡献，因此依据贡献量进行森林生态补偿资金分配具有合理性（张伟娜，2011）。本研究是以森林资源的水源涵养林为研究对象的流域生态补偿，将流域面积、流域森林资源中水源涵养林面积与上游向下游空间流转的森林生态服务价值三个因素的加权平均数视做贡献系数。流域上游地区的森林生态补偿资金贡献系数为：

$$d_i = \frac{S_i T_i V_i}{\sum S_i T_i V_i} \tag{9.1}$$

其中，d_i 为补偿资金在流域上游水源地第 i 个地区的贡献系数；S_i 为第 i 个水源地的流域面积（公顷）；T_i 为第 i 个水源地的森林面积（公顷）；V_i 为第 i 个水源地的森林生态服务空间流转价值（万元）。

9.2.2 浑河流域上游地区森林生态补偿资金的分配额度

资料表明，浑河流域总面积 4 898 平方千米，其中，在清原县境内流域面积为 2 350 平方千米，在新宾县境内流域面积为 2 080 平方千米，在抚顺县境内流域面积 468 平方千米（梁宸，2014）。根据式（9.1）得到浑河流域上游地区的清原县、新宾县和抚顺县的贡献系数与相应的森林生态补偿资金分配额度（见表 9－3）。

表 9－3　　上游水源地各地区贡献系数与补偿资金分配额度

水源地	清原县	新宾县	抚顺县	合计
流域面积（平方千米）	2 350.00	2 080.00	468.00	4 898.00
流域面积比例系数（%）	47.98	42.47	9.55	100.00
森林面积（公顷）	51 580.30	49 718.23	45 662.17	146 960.70
森林面积比例系数（%）	35.16	33.38	31.46	100.00
空间流转价值（万元）	3 340.40	3 219.63	2 976.53	9 536.57
空间流转价值比例系数（%）	35.03	33.76	31.21	100.00

续表

水源地	清原县	新宾县	抚顺县	合计
贡献系数（%）	50.80	41.15	8.05	100.00
分配额度（万元）	4 178.43	3 384.69	662.13	8 225.25

根据表 9－1 和表 9－3，浑河流域上游各地区按照贡献系数提取森林生态补偿资金，清原县、新宾县和抚顺县的贡献系数分别为 50.80%、41.15% 和 8.05%，相对应的森林生态补偿资金的分配额度为 4 178.43 万元、3 384.69 万元和 662.13 万元。

9.3　本章小结

本章依据调查数据，可以得到两个结论：

第一，基于受偿金额与补偿金额的测算结果，浑河流域森林生态补偿标准为 8 225.25 万元；

第二，在确定浑河流域森林生态补偿标准的基础上，清原县、新宾县和抚顺县的贡献系数分别为 50.80%、41.15% 和 8.05%，相对应的森林生态补偿金的分配额度为4 178.43万元、3 384.69 万元和 662.13 万元。

第 10 章

结论、政策建议与展望

10.1 结　　论

本章构建了浑河流域森林生态补偿机制的分析框架，首先，“是什么”，运用利益相关者理论与演化博弈模型明确了补偿主体与客体；其次，“补什么”，测算浑河流域上游向下游空间流转的森林生态服务价值；再次，“为什么补”，以沈阳市为例，利用通径分析解释上游空间流转的森林生态服务价值对下游地区水资源产生影响；然后，“补多少”，测算上游林农受偿意愿与下游居民补偿意愿综合确定补偿标准；最后，“如何补”，建立浑河流域森林生态补偿机制。

10.1.1 浑河流域利益相关者博弈

基于构建演化博弈理论模型，分析浑河流域上下游利益相关者的逻辑关系，得出结论如下：

第一，上游在收益大于保护成本的前提下，无论下游是否补偿，上游都有保护流域森林生态环境的意愿。倘若收益小于保护成本，上游的占优策略为不保护，引入约束机制尤为必要。故上游林农与下游居民的保护和补偿行为必须有上级政府的“约束机制”作为保障，森林生态补偿才能实现“均衡”，即效用最大化。

第二，为了使流域森林生态补偿有序进行，在上游选择保护环境策略与下游实施补偿的情况下，上级政府监督处罚的同时，坚持“谁受益谁补偿”的原则，扩大补偿范围，实现补偿主体与客体参与广泛化和多元化以及补偿资金多渠道化，充分调动上游林农改善流域森林生态环境的积极性。浑河流域上游林农与下游居民博弈分析，明确了上游林农与下游居民的“权责利”，为后续浑河流域森林生态补偿实证分析提供了理论支撑。

10.1.2　浑河流域上游向下游空间流转的森林生态服务价值

基于森林生态服务价值空间转移原理测算出上游向下游各地区空间流转的森林生态服务价值，这种森林生态服务功能动态评估方法为合理确定森林生态补偿标准提供依据。得出结论如下：

第一，浑河流域森林生态服务价值总量为 413 641.08 万元，上游与下游生态服务价值分别为 227 240.31 万元与 186 400.77 万元。在森林资源作为介质的作用下，上游除了满足自身森林生态服务功能外，向下游空间转移的总价值为 9 536.57 万元。

第二，浑河流域森林生态服务价值转移量受两区域间相对距离、流转面积等因素影响，随着距离上游地区空间距离增加而减少，与“距离衰减原理”相一致，其中，抚顺市区得到空间流转价值最高为 3 118.51 万元，其次是沈阳城市段得到空间流转价值为 2 680.26 万元，台安县得到空间流转价值最低为 268.72 万元。

10.1.3　浑河流域上游森林生态服务价值对下游水资源的影响

基于森林生态服务价值空间转移原理和通径分析法，探究浑河流域上游森林生态服务对沈阳城市段供水量的影响。得出结论如下：

第一，浑河流域上游森林水源涵养与保持水土空间流转的生态服务是影响沈阳城市段供水量的重要因素。从上游森林资源生态服务的空间流转价值与沈阳城市段供水量的相关系数为 0.9694 以及偏相关系数为 0.9950 来看，说明两者存在很强的相关性，上游森林生态服务在空间范围发生流转，对沈阳城市段供水量产生正外部效应，保护上游森林资源尤为重要，也为沈阳城市段对上游进行生态补偿提供了依据。

第二，浑河流域上游森林水源涵养与保持水土空间流转的生态服务通过地表水、地下水与化学需氧量综合作用于沈阳城市段供水量。从上游森林资源生态服务的空间流转价值与沈阳城市段供水量的决策系数为 0.8777 来看，说明沈阳城市段供水量是由多个因素直接作用、间接作用共同决定的结果。流域上游森林土壤水含量通过地表径流与地下径流进行水文循环，同时水分中化学物质含量也随着发生改变，减少水资源化学需氧量，以河流为通道流转至流域下游，产生流域生态环境外部效应的空间流转现象，进而间接影响下游供水量。

10.1.4　浑河流域上游林农森林生态受偿意愿

基于 CVM 方法对浑河流域上游林农个人、家庭基本情况，受访者对公益林生态环境重要性和生态补偿标准的认知以及森林生态受偿意愿进行了调查分析，引入分位数模型，进一步分析林农在不同程度接受补偿意愿的变化及差异性。得出结论如下：

第一，浑河流域上游林农森林生态受偿意愿为 33.78 元/亩，约为国家级公益林补偿标准的 2.5 倍，这说明补偿标准与林农的森林生态受偿意愿存在较大差异。

第二，年龄、公益林比重以及林农对生态补偿标准的认知对森林生态受偿意愿有显著影响且呈正相关关系。年龄变量的回归系数为正，说明林农年龄越大，劳动能力下降且收入来源有限，受偿意愿越高；公益林比重越大与补偿标准越低，意味着林农权利受限程度越高，经济利益损失越多，接受补偿意愿越强烈。

第三，年龄、家庭收入与公益林比重对林农接受补偿意愿的影响在不同分位数上存在差异。年龄在低中高分位数上回归系数由 0.0089 到 0.0259 呈单调递增趋势，表明处在老年时期的林农比青年和中年林农的受偿意愿强。公益林比重在不同分位数之间的回归系数逐渐变大，意味着与分位数较低相比，在高分位数上公益林面积比重较大的林农拥有商品林面积相对较小，较高程度的权利约束直接影响林农的经济收益，林农收入受损程度越大，接受补偿的意愿越高。家庭收入对林农受偿意愿影响的分位数回归系数呈现出先增后减的“倒 U 型”特征，在 0.5 分位数之前受偿意愿逐渐增加，达到最大之后减弱，这表明林农收入增加，接受现金补偿的意愿达到某种程度后逐渐倾向于其他补偿方式。

10.1.5 浑河流域下游居民森林生态补偿意愿

基于“IAD”延伸模型对浑河流域下游沈阳和抚顺城市居民以基础水价提升作为生态补偿方式的接受意愿以及影响因素进行了初步探究，借助“ELES”模型进一步分析居民对基础水价提升的承受能力；对于浑河流域下游的辽中县、辽阳县、灯塔市、海城市和台安县五个地区采用 WTP 方法测算其支付意愿值，借助 Tobit 与 Logit 模型对其影响因素进行了分析。主要研究结论如下：

第一，为了实现流域上游保护水源地，实现水资源持续供给和水源清洁，74.60%沈阳和抚顺城市居民作为受益者愿意通过基础水价提升方式对流域上游水源地进行补偿。“IAD”延伸模型的估计结果显示，城市居民对基础水价提升作为补偿方式的接受意愿受个体及家庭特征、外部环境、现状评价与认知等多维度变量综合影响。参与者会遵循“在外部环境影响的条件下，对水资源现状的满意度评价与认知，通过权衡支付补偿资金能否满足改善水资源状况需求，最终做出有利决策”的思维路径判断是否支持这一新的补偿方式。家庭年收入、政府制定生态补偿政策、居民对上游森林资源影响下游水资源的认知和水质改善的满意程度与居民接受意愿呈正相关关系，而家庭用水量与接受意愿呈负相关关系。

第二，根据 ELES 模型回归结果，沈阳和抚顺城市居民在满足基本用水需求基础上，基础水价提升的补偿支出占剩余可支配收入的比例很小，不同收入居民基础水价提升对流域生态补偿的消费支出存在差异性，但水价提高仍在城镇居民的承受能力范围之内。

第三，基础水价提升幅度在 0.1～0.3 元/立方米之间，点（0.18，5.07）与点（0.18，4.95）分别是沈阳与抚顺城市居民对基础水价提升由接受向不接受转变的临界点，水价提高幅度小于 0.18 元/立方米为居民接受区域，大于 0.18 元/立方米为居民拒绝区域。

第四，浑河流域下游的辽中县、辽阳县、灯塔市、海城市和台安县五个地区的 76.48% 居民意愿对上游水源地林农支付补偿资金，补偿金额分别为 12.63 元、12.35 元、12.38 元、11.57 元与 11.86 元，总体平均支付意愿水平为 12.16 元。

第五，浑河流域下游的辽中县、辽阳县、灯塔市、海城市和台安县五个地区居民支付意愿受个人月收入的个体特征、上游森林资源对下游水资源影响与上游森林资源调节下游水资源供给的居民认知等变量显著影响，其中，这些影响因素均与居民支付意愿呈正相关关系。

10.1.6　浑河流域森林生态补偿标准与分配

本章依据浑河流域上游林农受偿意愿与下游居民补偿意愿，可以得到如下结论：

第一，基于支付意愿与受偿意愿的测算结果，浑河流域森林生态补偿标准为 8 225.25 万元/年。

第二，在确定浑河流域森林生态补偿标准的基础上，清原县、新宾县和抚顺县的贡献系数分别为 50.80%、41.15% 和 8.05%，相对应的森林生态补偿金的分配额度为 4 178.43 万元、3 384.69 万元和 662.13 万元。

10.1.7　浑河流域森林生态补偿体系建设

在厘清流域森林生态服务功能与生态补偿的逻辑关系的基础上，明确补偿主体与客体，按照补偿程序，围绕流域森林生态补偿资金进行资金管理和组织管理，对补偿实施情况进行监督与考核，使流域森林生态补偿有效运行。

10.2　政策建议

流域是一个空间整体性强和区际关联度高的经济地域系统，其流域生态环境作为具有“非竞争性”“非排他性”特点的公共物品，会引发流域内上、下游地区间以水源地森林资源保护和水资源享用为核心的利益分配失衡（杨莉，2012）。目前，政府财政转移支付的补偿方式是协调流域上下游地区水资源利益分配的主要途径，由于流域上游地区保护水资源生态环境存在补偿资金有限，补偿方式单一与补偿范围较窄的缺陷，很难有效解决流域生态环境的外部性问题，而根据资源“谁受益，谁补偿”的有偿使用原则，流域下游作为受益地区应该为上游提供经济补偿。流域区际横向生态补偿成为实现利益相关者享用、保护和改善生态系统服务外部成本内部化的有效手段，增加林农收入，鼓励林农承担浑河流域保护水源地的责任（徐光丽，2014）。浑河流域森林生态补偿体系的建立与运行过程实质是在上级政府监督管理的基础上，以流域上游向下游空间流转的森林生态服务价值为依据，利益主体围绕补偿标准，通过特定补偿方式，相互博弈，达到利益均衡，实现上游保护水源地与下游支付补偿资金，矫正流域内区域间利益分享机制、协调区域间损益关系的过程（见图 10－1）。为了实现流域区际横向森林生态补偿顺利进行，必须建设和完善相应的补偿体系，包括补偿方式、运行程序、组织管理、资金管理、监督与考核。

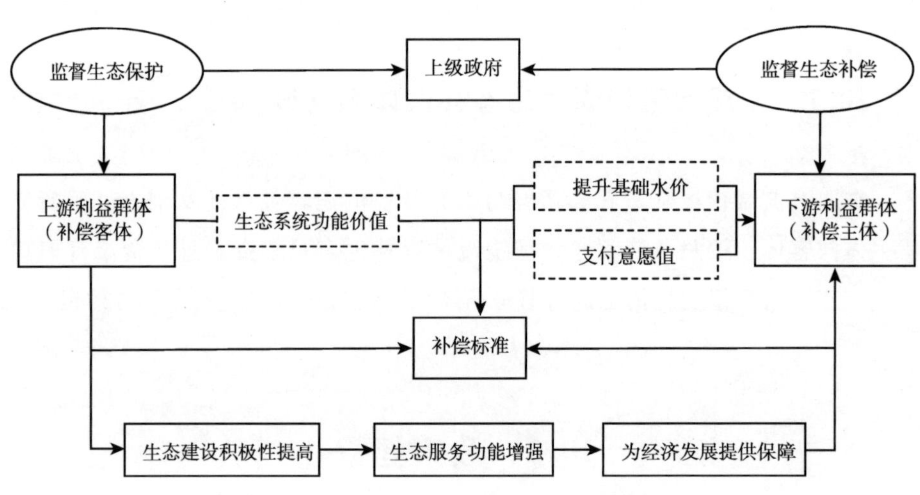

图 10－1　浑河流域森林生态补偿体系

因此，浑河流域森林生态补偿应围绕补偿资金，扩大补偿主体范围，拓宽补偿渠道，选择合适的补偿方式对其进行分配，通过制定合理的补偿程序与组织管理体系，以补偿的监督与考核作为保障，构建浑河流域森林生态补偿体系。

10.2.1　扩大浑河流域森林生态补偿主体范围

浑河流域森林生态环境与居民生产、生活密切相关，提高公众对流域森林生态环境重要性的认知，可以增加其森林生态补偿的参与度。政府需要向公众普及生态补偿知识、宣传生态补偿意义，通过建设浑河流域森林生态环境信息发布平台，随时发布流域森林生态环境的动态信息，扩大社会影响。居民加深对浑河流域森林生态环境认知，有利于不同利益主体广泛积极参与流域森林生态补偿建设，同时扩大生态补偿主体范围。

10.2.2　拓宽浑河流域森林生态补偿渠道

浑河流域上游森林生态环境保护与建设来自政府投入，有限的生态补偿资金很难弥补上游地区为保护水源地森林生态环境而自身发展权利受限的经济损失，多渠道筹集补偿资金具有重要意义。市场在资源优化配置中发挥的调节作用是拓宽补偿渠道的有效手段。提升下游地区城市居民生活用水基础水价作为浑河流域森林生态补偿方式，增加补偿资金；下游企业作为上游生态环境服务的受益者，对其征收生态税，有利于扩大流域森林生态补偿资金来源。此外，鼓励公众捐款、向公众发行生态彩票也是一种新的生态补偿融资渠道，通过引导社会不同利益主体广泛参与，实现浑河流域森林生态补偿市场化和社会化，多方并举，全面提升生态补偿力度。

10.2.3　丰富浑河流域森林生态补偿方式

流域森林生态补偿方式是拓宽补偿渠道和增加补偿资金的重要因素。目前，浑河流域森林生态补偿仅仅依赖于补偿方式单一、补偿资金有限的政府横向财政转移支付，具有短期性和不可持续性的特点，“谁受益，谁补偿”的原则与补偿客体——林农的意愿并未体现。在浑河流域森林生态补偿政策实施过程中，补偿方式是否合理是生态补偿成功与否的重要影响因素。本书依据浑河流域外部影响因素、下游居民的个体特征、上游森林资源对下游水环境影响的认知、流域水资源生态环境的满意程度以及维持、改善流域水资源生态环境现状的支付意愿与支付能力，分别实行提升基础水价和缴纳水费的补偿方式。对于浑河流域下游的沈阳和抚顺两个城市，以保护水源地森林资源、维持水资源供给与改善水质为目的，通过提升城市居民基础水价作为补偿方式，对上游水源地的林农支付补偿资金，激励其保护流域水源地森林生态环境，增强森林调节水量与净化水质的生态服务功能，满足城市居民基本用水需求。对于浑河流域下游辽中县、辽阳县、灯塔市、海城市和台安县五个地区，以保护水源、维持和提升水量、净化水体与改善局域小气候为目的，通过缴纳水资源费的方式，向上游保护水源地森林资源而发展权利受限的林农支付补偿资金，防止流域水资源生态环境遭到污染与破坏，给沿岸居民生产、生活造成严重的负面影响。

浑河流域作为一个跨多个行政区域的地理单元，涉及诸多利益主体，参照国外流域生态补偿的成功经验，在充分发挥市场机制的作用下，通过跨区域横向补偿是实现浑河流域外部成本内部化的有效途径。此外，不同利益主体对补偿方式的偏好存在差异性，除了资金补偿外，还可以进行实物补偿、技术补偿、政策补偿和项目补偿等。补偿方式的拓展既有利于扩大融资渠道，又有利于增加补偿资金来源，是以政府横向财政转移支付为主补偿方式的有益补充，也是浑河流域森林生态补偿机制长期、可持续运行的保障。

10.2.4 建设和完善浑河流域森林生态补偿体系

一是浑河流域森林生态补偿的运行程序。浑河流域森林生态补偿作为一项复杂的系统工程，涉及流域水源地森林资源状况及森林生态服务功能、水资源生态环境、不同利益主体、补偿资金、补偿方式、补偿资金管理等方面内容。首先，明晰流域的利益主体与客体，即“谁来补，补给谁”；其次，获取下游地区由于享有上游提供森林生态服务而支付的补偿资金；然后，依据上游不同地区的流域面积、林农原有经济林被划为公益林的林地面积和提供的生态服务的贡献系数作为标准分配补偿资金；最后，省财政厅设置独立的管理部门负责组织拨付、分配补偿资金。

二是浑河流域森林生态补偿的组织管理。浑河流域森林生态补偿制度的建立是补偿政策实施的有力保证，组织管理体系是生态补偿有效实施的重要保障。上级政府发挥着“管理员”的作用，一方面监督上游水源地林农保护森林生态环境与下游居民支付森林生态补偿资金，通过惩罚机制维护相关主体的切身利益；另一方面负责补偿资金的管理与分配，按照“谁受益，谁补偿”的有偿使用原则，使上游经济利益受损的林农得到合理的补偿。浑河流域森林生态补偿的组织管理体系为补偿政策的公平公正实施，激励上游林农保护水源地森林生态环境的积极性和维持、改善下游水资源生态环境以及补偿资金的合理使用提供了保障。

三是浑河流域森林生态补偿资金管理。补偿资金的拨付和使用是否规范对水源地居民保护流域森林生态环境的积极性产生重要影响，因此，对补偿资金的管理非常重要。浑河流域森林生态补偿资金以“专款专用、跟踪问效”为原则，由省财政厅统一收集、分配与管理，确保补偿资金从收集到使用高效、安全。补偿资金到位后，省财政部门通知受偿地区上报、提交补偿资金申请，审核批准后，按照林农流域水源地原有经济林被划为公益林面积和补偿标准直接拨付到林农个人账户。此外，从流域森林生态补偿资金中按比例拨付一定费用，对上游森林资源管护者进行补偿。

四是浑河流域森林生态补偿的监督与考核。浑河流域森林生态补偿坚持“受益支付、受损获益；政府主导、上下联动；责任明确、整体推进”的原则。辽宁省政府作为上级管理部门，为了浑河流域森林生态补偿顺利进行，制定《浑河流域森林生态补偿资金分配、使用与管理条例》，委托授权财政厅和环保厅负责浑河流域水源地森林生态环境和水资源环境的监督、考核与组织补偿资金分配工作。对于流域上游水源地水源涵养林，借助地理信息系统进行遥感监测，森林资源数量、种类、水源涵养林面积与流域面积是重要考核指标，采用《中央对地方国家重点生态功能区转移支付办法》，结合考核情况实施奖惩，如果水源保护地的森林数量、森林面积和流域面积保持稳定和变好，相应的水源保护地所在的县（区）可享有补偿金额的5%和10%的奖励；如果森林数量减少、森林面积和流域面积变小，直接停止拨付下一年补偿资金，情节严重，直接取消未来三年的生态补偿资金。上游水源地水资源环境，需要环保部门配合并监测，以水质为参考依据。在水质方面，设定近三年平均水质为标准，除污水排放引发的水质下降除外。每年1月，省环保厅提供上年度浑河流域上下游断面水质的监测数据审核结果，省财政厅依据审核结果，确定补偿额度，下达补偿资金，具体安排：第一，补偿资金超过补偿基准额度时，结余补偿资金留作下一年度使用；第二，补偿资金尚未达到补偿基准额度时，欠缺部分由补偿资金结余账户部分补足，若仍未达到补偿基准额度，由省财政拨款补足。浑河流域上下游断面水质达到标准，上级政府管理部门按照1∶1的比例拨付补偿资金，未达标的不予补偿。根据有关规定的不同情形采取不同的应对措施；第一，未履行职责、阻碍补偿工作顺利实施的地区，将调减补偿资金，甚至不予支付补偿资金，情节严重的地区，直接取消未来三年的生态补偿资金；第二，针对挪用、挤占流域森林生态补偿资金的地区，在追回补偿资金的基础上按照情节严重性对主要负责人给予相应处分。

总之，流域森林生态补偿体系作为补偿顺利实施的重要保障，由其内部多个要素构成，这些要素不是单独的个体，而是在每个环节彼此相互协调、相互作用的有机整体。只有在明确补偿主体与客体，确定补偿标准，通过某种方式，在补偿资金拨付、使用和监管制度作为保障的前提下，按照特定补偿程序实施，才能确保流域森林生态补偿有效运行。

10.3 研究展望

本书对浑河流域森林生态补偿机制的组成要素以及其构建与运行进行了分析，但仍有一些问题值得深入探究，表明问题的复杂性。流域作为一个特殊的地理单元，由于流经多个行政区域，研究其补偿机制是一个较为复杂的课题，涉及经济学、社会学与自然科学等诸多学科领域，合理地解决流域森林生态补偿这一备受关注的现实问题，需要不同学科领域紧密结合并深层次推进，全方面综合考虑并提出解决问题的有效方案。

此外，流域生态补偿机制中补偿标准是核心，补偿方式是关键，如何通过拓宽补偿渠道，增加流域森林生态补偿资金，如何丰富补偿方式，如何实现流域不同地区间逐级补偿，流域森林生态补偿的实施效果以及受哪些因素影响，这些问题都是今后需要探究的重要内容。

附 录 一

问卷编号：________

浑河流域森林生态补偿机制研究
上游居民调查问卷

市：______________________________

县：______________________________

乡：______________________________

村：______________________________

受访者姓名：______________________________

受访者电话：______________________________

调查员姓名：______________________________

调查日期：______________________________

调查员电话：______________________________

调查介绍

您好！我是沈阳农业大学的一名学生，为了解您对浑河流域水源保护区森林生态补偿政策的看法，希望您能在百忙之中参与问卷调查，您的回答将对本研究有很大帮助。本次调查所有信息只作为统计分析的基础，在研究和使用过程中，将对您回答问题的相关信息严格保密，在此衷心感谢您的合作。

第一部分：情景介绍

浑河作为辽宁省主要河流之一，其水资源不仅承载着中部城市群的社会经济发展，还关系到沿岸居民生活。流域森林作为水资源的重要影响因素，上游地区森林涵养水源（净化水质、调节水量）与保持水土的生态服务功能对下游地区生态环境和水质改善产生重要影响。为了确保下游地区生态环境和水源安全，您作为上游居民应该保护水源地森林与水资源，禁止采伐森林，禁止向河内排污，但下游地区将给您提供一定的补偿。依据《辽宁省森林生态效益补偿资金管理实施细则》，补偿资金用于加强浑河流域水源保护区森林生态环境建设。

第二部分：CV 调查（请在符合您个人情况上画"√"）

在下游地区给您提供一定的补偿情况下，通过向您询问浑河流域水源保护区森林生态补偿的相关问题，并设置不同森林生态补偿资金水平，有效地测量您对水源保护区的最小接受补偿意愿。答案没有对错之分，请根据您的实际情况做出相应的选择。

1. 您认为浑河流域森林是否对水资源有影响？

A. 是　B. 否

2. 您认为保护浑河流域上游森林对下游水资源很重要吗？

A. 不重要　B. 不太重要　C. 一般　D. 比较重要　E. 非常重要

3. 您认为浑河流域上游森林对下游水资源有哪些影响？（多选）

A. 涵养水源　B. 调节水量　C. 净化水质　D. 保持水土

E. 其他______________________________（请填写）

4. 为了加强浑河流域生态环境治理，环保部门相继出台了《辽宁省大伙房水库水源保护管理暂行条例》与《辽宁省大伙房水库输水工程保护条例》。如果单位或个人直接或者间接向水体排放污水和倾倒固体废弃物，将会受到相应的处罚，处以个人 500 ~1 000 元罚款，处以单位 5 000 ~1 万元罚款，您是否清楚？

A. 是　B. 否　C. 不清楚

5. 浑河流域上游地区加强森林生态环境建设，某种程度上改善下游地区水资源环境，您认为下游地区是否从中受益？

A. 是　B. 否　C. 不清楚

6. 您是否认为浑河流域上游地区保护森林生态环境应该获得补偿？（如果选择 A，请您继续回答第 7 题；如果选择 B，请跳到第 9 题回答）

A. 是　B. 否　C. 不清楚

7. 2008 年，辽宁省制定了《东部生态重点区域实施财政补偿政策》，开始实施流域生态补偿，但由于政府补偿资金有限，下游水资源受益者是否应该出资对上游地区进行补偿？（如果选择 A，请您继续回答第 7 题；如果选择 B，请跳到第 9 题回答）

A. 是　B. 否　C. 不清楚

8. 您认为下游“谁”应该对浑河流域上游进行森林生态补偿？（可多选）

A. 当地政府　B. 企业　C. 个人　D. 以上全部　E. 其他________________________（请填写）

9. （第 7 题答“否”者，请回答此项问题）您认为浑河流域下游地区不需要对上游进行森林生态补偿，主要是出于何种考虑？（可多选）

A. 上游地区对浑河流域森林资源及生态环境保护没有做出贡献

B. 当前浑河流域森林资源及生态环境很好，不需要补偿

C. 浑河流域上游森林生态环境保护与建设费用，相关部门完全可以承担

D. 浑河流域森林生态环境与我无关

E. 说不清楚

10. 目前，公益林生态补偿标准为 15 亩/元，您如何认为？

A. 非常高　B. 比较高　C. 一般　D. 比较低　E. 非常低

11. 作为浑河流域森林生态环境的保护者，您是否愿意接受下游地区支付一定的森林生态补偿资金？（如果选择 A，请您继续回答第 11 题；如果选择 B，请跳到第 13 题回答）

12. 您愿意每年接受来自流域下游最低的森林生态补偿资金是______________________元/亩？

A. 是　B. 否

如果受访者同意，请您继续回答第 12.1 题

（如果向受访者第一次提供的最低接受补偿资金额度，受访者接受，再向

其提供一个更低的值，经过多次询问，直到受访者拒绝为止）

12.1 您每年接受来自流域下游最低的森林生态补偿资金是______________________元/亩？

（如果向受访者第一次提供的最低接受补偿资金额度，受访者拒绝，再向其提供一个更高的值，经过多次询问，直到受访者接受为止）

12.2 您每年接受来自流域下游最低的森林生态补偿资金是______________________元/亩？

13.（第 11 题答“否”者，请回答此项问题）如果您不愿意接受下游地区支付一定的森林生态补偿资金，那么您主要是出于何种考虑？（可多选）

A. 家庭经济收入较高，不需要补偿

B. 补偿资金不应该给个人，应该由相关管理部门接受

C. 当前浑河流域森林生态环境还可以，不需要接受补偿

D. 对浑河流域森林生态环境建设没有做出贡献

E. 说不清楚

第三部分：认知与感知

下面是有关流域森林生态补偿给您带来影响的表述，请填写您对下列表述的真实想法，每个选项均有 5 种表达，从非常不同意到非常同意，将您的答案标注在后面的空格中。陈述没有对错好坏之分，请您按照您的真实想法，每个问题均需要回答，不要遗漏，谢谢您的配合！

1. 非常不同意　2. 比较不同意　3. 一般　4. 比较同意　5. 非常同意

居民对流域森林生态补偿的正面影响感知

1. 有利于缓解当地林业部门资金压力	
2. 有利于调动上游地区保护流域森林生态环境的积极性	
3. 有利于加强流域森林生态环境建设	
4. 有利于保持生物多样性	
5. 有利于推动生态林业发展	
6. 有利于涵养水源	
7. 有利于保持水土	
8. 有利于调节水量	

续表

9. 有利于净化水质	
10. 有利于减少洪涝灾害	
11. 有利于改善流域水资源环境	
12. 有利于居民身体健康	
13. 有利于缓解政府在生态环境建设过程中的资金压力	
14. 有利于拓宽流域森林生态环境建设的融资渠道	
15. 有利于下游地区经济发展	
16. 有利于保证流域下游沿岸居民生产、生活	
17. 有利于居民节约用水量	
18. 有利于增强居民环保意识	
19. 有利于协调上、下游地区间经济发展与生态环境保护间的矛盾	
20. 有利于整个流域生态、经济与社会可持续发展	

居民对流域森林生态补偿的负面影响感知

1. 下游地区更加重视经济发展，忽视森林生态环境建设	
2. 下游地区林业发展逐渐被轻视	
3. 使下游地区森林生态服务功能退化	
4. 使下游地区林业部门职能弱化	
5. 增加下游地区用水量	
6. 出现水资源短缺现象	
7. 企业排污增加，水质下降	
8. 增加政府水环境治污成本	
9. 水环境恶化，影响沿岸居民生产、生活用水	
10. 使下游地区居民的日常开支增加	
11. 影响上游地区经济发展	
12. 弱化了上游地区经济发展的重要性	
13. 抬高了流域沿岸土地价格	
14. 推动流域沿岸房价上涨	
15. 增加了林业部门的工作压力	
16. 使林业部门、水利部门与环保部门出现利益纷争	
17. 使人们对流域生态环境的认识受限	
18. 使流域其他生态服务功能得不到重视	
19. 使下游各地区间森林生态环境建设与经济发展不平衡	
20. 加大下游各地区间发展的矛盾	

第四部分：

基本信息

性别	年龄	教育类别	家庭规模	林地面积	公益林面积	职业	个人年均收入	家庭年均收入

注：家庭成员中，已婚离开家者不计入统计。

性别：1 = 男；2 = 女；

受教育类别：1 = 小学及以下；2 = 初中；3 = 高中；4 = 专科；5 = 本科；6 = 研究生及以上；

职业：1 = 学生；2 = 农民；3 = 个体；4 = 公务员；5 = 办公室职员；6 = 军人；7 = 教师；8 = 医生；9 = 司机；10 = 退休；11 = 兼业（农户 + 外出务工）；12 = 其他（请注明具体工作）。

附 录 二

问卷编号：____________

浑河流域森林生态补偿机制研究
下游居民调查问卷

市：____________

县：____________

乡：____________

村：____________

受访者姓名：____________

受访者电话：____________

调查员姓名：____________

调查日期：____________

调查员电话：____________

调查介绍

您好！我是沈阳农业大学的一名学生，为了解您对浑河流域森林生态补偿的看法，希望您能在百忙之中参与问卷调查，您的回答将对本研究有很大帮助。本次调查所有信息只作为统计分析的基础，在研究和使用过程中，将对您回答问题的相关信息严格保密，在此衷心感谢您的合作。

第一部分：情景介绍

浑河作为辽宁省主要河流之一，其水资源不仅承载着中部城市群的社会经济发展，还关系到沿岸居民生活。流域森林作为水资源的重要影响因素，上游地区森林涵养水源（净化水质、调节水量）与保持水土的生态服务功能对下游地区生态环境和水质改善产生重要影响。为了保护浑河流域水源地生态环境，上游地区居民付出了一定成本，由于缺乏生态补偿机制，保护环境的积极性受挫，生态环境呈现出恶化趋势。2008 年，辽宁省对浑河流域上游水源保护区实施生态补偿政策，但目前由于政府补偿资金不足，补偿标准低，补偿方式单一。为了浑河流域上游水源保护区提供优质水源，需要您对上游水源保护区进行一定补偿。

第二部分：CV 调查（请在符合您个人情况上画“√”）

在上游水源保护区给您提供优质水源的情况下，通过向您询问浑河流域水源保护区森林生态补偿的相关问题，并设置不同森林生态补偿资金水平，测量您对水源保护区的最大支付意愿。

请您仔细思考以下几个问题。我们非常想了解您对浑河流域水源保护区森林生态补偿的最大支付意愿。答案没有对错之分，请根据您的实际情况做出相应的选择。

1. 您认为森林是否对水资源有影响？

A. 是　B. 否

2. 您认为浑河流域上游森林对下游水资源是否有影响？

A. 是　B. 否

3. 您认为浑河流域上游森林对下游水资源有哪些影响？（多选）

A. 涵养水源　B. 调节水量　C. 净化水质　D. 保持水土　E. 其他____________________________（请填写）

4. 浑河流域上游地区加强森林生态环境建设，某种程度上改善下游地区水资源环境，您认为下游地区是否从中受益？

A. 是　B. 否

5. 您是否认为浑河流域上游地区保护森林生态环境应该获得补偿？

A. 是　B. 否

6. 您是否听说过生态补偿政策吗?

A. 是　B. 否

7. 2008 年，辽宁省出台《东部生态重点区域实施财政补偿政策》，对浑河流域上游水源保护区实施生态补偿，但由于政府补偿资金有限，您作为下游受益者是否应该出资对上游地区进行补偿?（如果选择 A，请您继续回答第 8 题；如果选择 B，请跳到第 10 题回答）

A. 是　B. 否

8. 您认为流域森林生态补偿资金应该给“谁”?（可多选）

A. 省政府　B. 当地政府　C. 流域环境相关管理部门　D. 林业部门

E. 沿岸居民　F. 以上全部　G. 其他______________________（请填写）

9. 您每年最多愿意为流域上游地区支付森林生态补偿资金是____________________元?

A. 是　B. 否

如果受访者同意，请您继续回答第 9.1 题

（如果向受访者第一次提供的最高接受补偿资金额度，受访者接受，再向其提供一个更高的值，经过多次询问，直到受访者拒绝为止）

9.1 您每年愿意向流域上游最多支付森林生态补偿资金是____________________元（填写）

如果受访者不同意，请您继续回答第 9.2 题

（如果向受访者第一次提供的最高接受补偿资金额度，受访者拒绝，再向其提供一个更低的值，经过多次询问，直到受访者接受为止）

9.2 您每年愿意向流域上游最多支付森林生态补偿资金是____________________元（填写）

10.（第 7 题答“否”者，请回答此项问题）如果您不愿意为浑河流域森林资源及生态环境保护支付一定的费用，那么您主要是出于何种考虑?（可多选）

A. 家庭经济收入较低，无能力支付

B. 支付不能改善浑河流域环境问题

C. 应当由政府出资，不应该由个人支付

D. 当前浑河流域森林资源及生态环境很好，不需要补偿

E. 考虑补偿资金使用不到位

F. 浑河流域森林生态环境与我无关

G. 说不清楚

11. 目前，生态补偿方式主要包括现金、实物补偿、捐款、专项基金、生态税、提供技术等，而我们将通过提高水价（新增水费）作为新的补偿方式，您是否愿意接受这种支付方式？（如果选择 A，请您继续回答第 12 题）

A. 是　B. 否

12. 目前，辽宁省实行四级阶梯水价制度（阶梯水价制度是指用户用水量越多，单位水价越高），如果在现有阶梯水价的基础上，您最多愿意将基础水价提高________元？

A. 是　B. 否

如果受访者同意，请您继续回答第 12.1 题

（如果向受访者第一次提供的最高水价增加额度，受访者接受，再向其提供一个更高的值，经过多次询问，直到受访者拒绝为止）

12.1 您最多愿意将基础水价提高________元（请填写）

如果受访者不同意，请您继续回答第 12.2 题

（如果向受访者第一次提供的最高水价增加额度，受访者拒绝，再向其提供一个更低的值，经过多次询问，直到受访者接受为止）

12.2 您最多愿意将基础水价提高________元（请填写）

表 1　　阶梯水价现状

梯级	阶梯水价（元/吨）	阶梯水量（吨/月）	水费（元/月）
第一级	2.4（基础水价）	≤16	≤38.4
第二级	3.6	16～20	38.4～52.8
第三级	7.2	20～24	52.8～81.6
第四级	14.4	≥24	≥81.6

13. 您认为提高水价比例作为补偿金会产生什么有利影响？

A. 提高居民节水意识，节约用水量

B. 增加补偿资金，有利于上游地区加强流域森林生态环境建设

C. 改善本地区水资源环境

D. 不清楚

F. 其他____________（请填写）

14.（第 11 题答“否”者，请回答此项问题）您不愿意以提高水价（新增水费）作为新的补偿方式，主要是出于何种考虑？（可多选）

A. 增加家庭经济开支

B. 水费作为补偿资金交给水利部门，与流域上游森林生态环境建设关系不大

C. 考虑补偿资金使用不到位

D. 说不清楚

E. 其他____________（请填写）

15. 您认为对流域上游地区支付森林生态补偿资金是否需要上级政府监督？（如果选择“否”，问题结束）

A. 是　B. 否

16. 需要上级政府监督，那么您主要是出于何种考虑？（可多选）

A. 协调上下游主体的利益关系

B. 可以随时解决补偿过程中存在的问题

C. 补偿资金使用不到位

D. 补偿资金监管不透明

E. 其他____________

17. 您认为哪些措施能够发挥上级政府的作用？（可多选）

A. 制定与流域森林生态补偿相关的法律法规

B. 建立独立于政府的专门组织机构，例如建立补偿基金委员会

C. 引导流域上下游地区建立协商机制

D. 为上下游利益群体表达自身利益搭建合作平台

E. 其他____________

第三部分：认知与感知

下面是关于提升水价作为补偿方式的支付行为给您带来影响的表述，请填写您对下列表述的真实想法，每个选项均有5种表达，从非常不同意到非常同意，将您的答案标注在后面的空格中。陈述没有对错好坏之分，请您按照您的真实想法，每个问题均需要回答，不要遗漏，谢谢您的配合！

1. 非常不同意　2. 比较不同意　3. 一般　4. 比较同意　5. 非常同意

政府引导	政府加大对浑河流域生态环境保护方面的宣传	
	政府高度重视水源地的保护	
	政府制定浑河流域水污染防治管理办法	
	政府制定生态补偿政策	
市场调节	居民阶梯水价制度能调节居民用水量	
	调节阶梯水价中基础水量	
	调节阶梯水价的梯级	
现状满意程度	对水资源供给的满意程度	
	对水质的满意程度	
居民认知	上游森林对下游水资源的影响	
	对改善城市小气候的影响	
	对改变周边生态环境的影响	
	改善流域水资源生态环境	
	补偿资金充足能够保证维持水资源供给	
	确保下游居民生产、生活用水安全	
	能推动下游地区经济发展	
	补偿上游居民，为保护水源提供保证	
	缓解当地水资源缺乏	
	改善当地饮用水质	
	实现用水安全，保障日常生产、生活用水	
支付行为	水价增长幅度对支付行为有影响	
	政府必须对补偿资金使用进行监管	

第四部分：

基本信息

性别	年龄	教育类别	家庭规模	林地面积	公益林面积	职业	个人年均收入	家庭年均收入

注：家庭成员中，已婚离开家者不计入统计。

性别：1 = 男；2 = 女；

受教育类别：1 = 小学及以下；2 = 初中；3 = 高中；4 = 专科；5 = 本科；6 = 研究生及以上；

职业：1 = 学生；2 = 农民；3 = 个体；4 = 公务员；5 = 办公室职员；6 = 军人；7 = 教师；8 = 医生；9 = 司机；10 = 退休；11 = 兼业（农户 + 外出务工）；12 = 其他（请注明具体工作）。

参考文献

［1］敖长林，高丹，毛碧琦，等．空间尺度下公众对环境保护的支付意愿度量方法及实证研究［J］．资源科学，2015，37（11）：2288－2298.

［2］白杨，欧阳志云，郑华，等．海河流域森林生态系统服务功能评估［J］．生态学报，2011，31（7）：2029－2039.

［3］卜红梅，党海山，张全发．汉江上游金水河流域森林植被对水环境的影响［J］．生态学报，2010，30（5）：1341－1348.

［4］蔡志坚，杜丽永，蒋瞻．基于有效性改进的流域生态系统恢复条件价值评估——以长江流域生态系统恢复为例［J］．中国人口·资源与环境，2011，21（1）：127－134.

［5］蔡志坚，杜丽永，蒋瞻．条件价值评估的有效性与可靠性改善——理论、方法与应用［J］．生态学报，2011，31（10）：2915－2923.

［6］蔡志坚，张巍巍．南京市公众对长江水质改善的支付意愿及支付方式的调查［J］．生态经济，2007（2）：116－119.

［7］曹裕，吴次芳，朱一中．基于IAD延伸决策模型的农户征地意愿研究［J］．经济地理，2015，35（1）：141－148.

［8］查爱苹，邱洁威，黄瑾．条件价值法若干问题研究［J］．旅游学刊，2013，28（4）：25－34.

［9］常丽霞．西北生态脆弱区森林生态补偿法律机制实证研究［J］．西南民族大学学报（人文社会科学版），2014（6）：97－102.

［10］常亮．基于准市场的跨界流域生态补偿机制研究［D］．大连理工大学，2013.

［11］陈江龙，徐梦月，苏曦，等．南京市生态系统服务的空间流转

[J]. 生态报, 2014, 34 (17): 5087-5095.

[12] 陈莹, 马佳. 太湖流域双向生态补偿支付意愿及影响因素研究——以上游宜兴、湖州和下游苏州市为例 [J]. 华中农业大学学报 (社会科学版), 2017 (1): 16-24.

[13] 程建, 程久苗, 吴九兴, 等. 2000—2010 年长江流域土地利用变化与生态系统服务功能变化 [J]. 长江流域资源与环境, 2017, 26 (06): 894-901.

[14] 邓鑫洋. 不确定环境下的博弈模型与群体行为动态演化 [D]. 西南大学, 2016.

[15] 樊辉, 赵敏娟. 自然资源非市场价值评估的选择实验法: 原理及应用分析 [J]. 资源科学, 2013 (7): 1347-1354.

[16] 范小杉, 高吉喜, 温文, 等. 生态资产空间流转及价值评估模型初探 [J]. 环境科学研究, 2007, 20 (5): 160-164.

[17] 方精云, 刘国华, 徐嵩龄. 我国森林植被的生物量和净生产量 [J]. 生态学报, 1996, 16 (5): 497-508.

[18] 冯凌. 基于产权经济学"交易费用"理论的生态补偿机制建设 [J]. 地理科学进展, 2010, 29 (5): 515-522.

[19] 高汉琦, 牛海鹏, 方国友, 等. 基于 CVM 多情景下的耕地生态效益农户支付/受偿意愿分析——以河南省焦作市为例 [J]. 资源科学, 2011, 33 (11): 2116-2123.

[20] 葛颜祥, 梁丽娟, 王蓓蓓, 等. 黄河流域居民生态补偿意愿及支付水平分析——以山东省为例 [J]. 中国农村经济, 2009 (10): 77-85.

[21] 葛玉好, 赵媛媛. 城镇居民收入不平等的原因探析——分位数分解方法的视角 [J]. 中国人口科学, 2010 (1): 12-20.

[22] 耿翔燕, 葛颜祥, 张化楠. 基于重置成本的流域生态补偿标准研究——以小清河流域为例 [J]. 中国人口·资源与环境, 2018, 28 (01): 140-147.

[23] 顾家俊. 赣江流域生态补偿机制研究 [D]. 江西理工大学, 2017.

[24] 关海玲, 梁哲. 基于 CVM 的山西省森林旅游资源生态补偿意愿研究——以五台山国家森林公园为例 [J]. 经济问题, 2016 (10): 105-109.

[25] 韩永伟，高馨婷，高吉喜，等．重要生态功能区典型生态系统服务及其评估指标体系的构建［J］．生态环境学报，2010，19（10）：2986－2992.

[26] 郝春红．消费税调节居民收入差距效果测度——基于ELES模型方法［J］．财贸研究，2012（1）：102－109.

[27] 何军．代际差异视角下农民工城市融入的影响因素分析——基于分位数回归方法［J］．中国农村经济，2011（6）：15－25.

[28] 胡成，苏丹．综合水质标识指数法在浑河水质评价中的应用［J］．生态环境学报，2011，20（1）：186－192.

[29] 胡欢，章锦河，刘泽华，等．国家公园游客旅游生态补偿支付意愿及影响因素研究——以黄山风景区为例［J］．长江流域资源与环境，2017，26（12）：2012－2022.

[30] 胡淑恒．区域生态补偿机制研究——以安徽大别山区为例［D］．合肥工业大学，2015.

[31] 胡振华，刘景月，钟美瑞，等．基于演化博弈的跨界流域生态补偿利益均衡分析——以漓江流域为例［J］．经济地理，2016，36（06）：42－49.

[32] 姜宏瑶，温亚利．基于WTA的湿地周边农户受偿意愿及影响因素研究［J］．长江流域资源与环境，2011，20（4）：489－494.

[33] 蒋毓琪，陈珂．流域生态补偿研究综述［J］．生态经济，2016，32（4）：175－180.

[34] 蒋毓琪，孙鹏举，刘学录．城乡结合部土地利用变化的驱动要素分析——以兰州市和平镇为例［J］．甘肃农业大学学报，2013（3）：110－115.

[35] 焦扬，敖长林．CVM方法在生态环境价值评估应用中的研究进展［J］．东北农业大学学报，2008，39（5）：131－136.

[36] 接玉梅，葛颜祥．居民生态补偿支付意愿与支付水平影响因素分析——以黄河下游为例［J］．华东经济管理，2014，28（4）：64－69.

[37] 金淑婷，杨永春，李博，等．内陆河流域生态补偿标准问题研究——以石羊河流域为例［J］．自然资源学报，2014（4）：610－622.

[38] 孔德帅．区域生态补偿机制研究［D］．中国农业大学，2017.

[39] 冷清波．主体功能区战略背景下构建我国流域生态补偿机制研

究——以鄱阳湖流域为例 [J]. 生态经济，2013 (2)：151 – 155.

[40] 李彩红．水源地生态保护成本核算与外溢效益评估研究 [D]. 山东农业大学，2014.

[41] 李昌峰，张娈英，赵广川，等．基于演化博弈理论的流域生态补偿研究——以太湖流域为例 [J]. 中国人口·资源与环境，2014，24 (1)：171 – 176.

[42] 李华．完善西藏森林生态效益补偿体系建设研究 [D]. 东北林业大学，2016.

[43] 李焕，徐建春，李翠珍，等．生态用地配置对土地集约利用影响的通径分析——以浙江省开发区为例 [J]. 中国土地科学，2011，25 (9)：42 – 47.

[44] 李磊．首都跨界水源地生态补偿机制研究 [D]. 首都经济贸易大学，2016.

[45] 李连香，许迪，程先军，等．基于分层构权主成分分析的皖北地下水水质评价研究 [J]. 资源科学，2015，37 (1)：61 – 67.

[46] 李秋萍．流域水资源生态补偿制度及效率测度研究 [D]. 华中农业大学，2015.

[47] 李文华，何永涛，杨丽韫．森林对径流影响研究的回顾与展望 [J]. 自然资源学报，2001，16 (5)：398 – 406.

[48] 李文华，李芬，等．森林生态效益补偿的研究现状与展望 [J]. 自然资源学报，2006，21 (5)：677 – 688.

[49] 李晓赛，朱永明，赵丽，等．基于价值系数动态调整的青龙县生态系统服务价值变化研究 [J]. 中国生态农业学报，2015，23 (03)：373 – 381.

[50] 李燕．空间囚徒困境博弈中合作解的演化——基于个体迁徙机制和计算经济学的视角 [D]. 浙江大学，2017.

[51] 李玉敏．森林水文服务市场化研究现状与趋势 [J]. 世界林业研究，2007，20 (3)：1 – 5.

[52] 李长健，孙富博，黄彦臣．基于 CVM 的长江流域居民水资源利用受偿意愿调查分析 [J]. 中国人口·资源与环境，2017，27 (06)：110 – 118.

[53] 梁宸．辽宁省大伙房水库水源地生态补偿适度水平研究 [D]. 辽宁

大学，2014.

[54] 廖显春，夏恩龙，王自锋．阶梯水价对城市居民用水量及低收入家庭福利的影响 [J]. 资源科学，2016，38 (10)：1935 - 1947.

[55] 林秀珠，李小斌，李家兵，等．基于机会成本和生态系统服务价值的闽江流域生态补偿标准研究 [J]. 水土保持研究，2017，24 (02)：314 - 319.

[56] 刘传玉，张婕．流域生态补偿实践的国内外比较 [J]. 水利经济，2014 (2)：61 - 64 + 78.

[57] 刘珉．集体林权制度改革：农户种植意愿研究——基于 Elinor Ostrom 的 IAD 延伸模型 [J]. 管理世界，2011 (5)：93 - 98.

[58] 刘伟．浑河流域基于生态足迹的水资源承载能力变化规律研究 [D]. 沈阳农业大学，2016.

[59] 刘玉龙．生态补偿与流域共建共享 [M]. 中国水利水电出版社，2007.

[60] 马中．环境与资源经济学概论 [M]. 北京：高等教育出版社，1999.

[61] 聂倩．我国流域生态补尝财政政策研究 [D]. 江西财经大学，2015.

[62] 牛海鹏，王文龙，张安录．基于 CVM 的耕地保护外部性估算与检验 [J]. 中国生态农业学报，2014，22 (12)：1498 - 1508.

[63] 欧阳志云，朱春全，杨广斌，等．生态系统生产总值核算：概念、核算方法和案例研 [J]. 生态学报，2013，33 (1)：6747 - 6761.

[64] 彭焕华．黑河上游典型小流域森林——草地生态系统水文过程研究 [D]. 兰州大学，2011.

[65] 齐子翔．我国区际生态补偿机制研究——以京冀地区流域生态补偿为例 [J]. 生态经济，2014 (10)：140 - 144.

[66] 钱水苗，王怀章．论流域生态补偿机制的构建——从社会公正的视角 [J]. 中国地质大学学报，2005 (9)：80 - 84.

[67] 乔旭宁，杨永菊，杨德刚，等．流域生态补偿标准的确定——以渭干河流域为例 [J]. 自然资源学报，2012，27 (10)：1666 - 1676.

[68] 乔旭宁，杨永菊，杨德刚．生态系统服务功能价值空间转移评价——以渭干河流域为例 [J]. 中国沙漠，2011，31 (4)：1008 – 1014.

[69] 秦大庸，严登华，靖娟．水资源供需平衡分析在沈阳区域的应用探讨 [J]. 中国水利，2007 (3)：31 – 33.

[70] 曲富国．辽河流域生态补偿管理机制与保障政策研究 [D]. 吉林大学，2014.

[71] 饶恩明，肖燚，欧阳志云，等．中国湖泊水量调节能力及其动态变化 [J]. 生态学报，2014，34 (21)：6225 – 6231.

[72] 施立新，余新晓，马钦彦．国内外森林与水质研究综述 [J]. 生态学杂志，2000，19 (3)：52 – 56.

[73] 石玲，马炜，孙玉军，等．基于游客支付意愿的生态补偿经济价值评估——以武汉素山寺国家森林公园为例 [J]. 长江流域资源与环境，2014，23 (2)：180 – 188.

[74] 史恒通，赵敏娟．基于选择试验模型的生态系统服务支付意愿差异及全价值评估——以渭河流域为例 [J]. 资源科学，2015，37 (2)：351 – 359.

[75] 孙琳．水源地生态补偿的标准设计与机制构建研究 [D]. 东北财经大学，2016.

[76] 田民利．基于区域生态补偿的横向转移支付制度研究——以山东省潍坊市生态资源的分配与利用为例 [D]. 中国海洋大学，2013.

[77] 佟锐，敖长林，焦扬，等．基于廉价磋商的 CVM 假想偏差修正研究——以松花江流域为例 [J]. 资源科学，2016，38 (03)：501 – 511.

[78] 王娇．辽宁省森林动态补偿体系研究 [D]. 中国林业科学研究院，2015.

[79] 王军锋，侯超波．中国流域生态补偿机制实施框架与补偿模式研究——基于补偿资金来源的视角 [J]. 中国人口·资源与环境，2013，23 (2)：23 – 29.

[80] 王克强，刘红梅．建立精准的用水计量体系和累进的农业农业用水价格机制的调查研究 [J]. 软科学，2010，24 (2)：99 – 102.

[81] 王奕淇，李国平．基于能值拓展的流域生态外溢价值补偿研究——

以渭河流域上游为例 [J]. 中国人口·资源与环境，2016，26 (11)：69 - 75.

[82] 王原，陆林，赵丽侠.1976—2007 年纳木错流域生态系统服务价值动态变化 [J]. 中国人口. 资源与环境，2014，24 (S3)：154 - 159.

[83] 吴超凡. 区域森林生物量遥感估测与应用研究 [D]. 浙江大学，2016.

[84] 武云甫，任晓燕，张旻. 沈阳市的缺水与水价问题 [J]. 城市公共事业，2002，16 (2)：17 - 19.

[85] 肖平，张敏新. 林业持续发展之根本——建立林农参与机制 [J]. 林业经济，1995 (4)：16 - 21.

[86] 谢高地，张彩霞，张昌顺，等. 中国生态系统服务的价值 [J]. 资源科学，2015，37 (09)：1740 - 1746.

[87] 徐大伟，常亮，侯铁珊，等. 基于 WTP 和 WTA 的流域生态补偿标准测算——以辽河为例 [J]. 资源科学，2012，34 (7)：1354 - 136.

[88] 徐大伟，涂少云，常亮，赵云峰. 基于演化博弈的流域生态补偿利益冲突分析 [J]. 中国人口·资源与环境，2012，22 (2)：8 - 14.

[89] 徐光丽. 流域生态补偿机制研究——以生产用水和经营用水为例 [D]. 山东农业大学，2014.

[90] 徐梦月，陈江龙，高金龙，等. 主体功能区生态补偿模型初探 [J]. 中国生态农业学报，2012，20 (10)：1404 - 1408.

[91] 许丽忠，钟满秀，韩智霞，等. 环境与资源价值 CVM 评估预测有效性研究进展 [J]. 自然资源学报，2012，27 (8)：1421 - 1430.

[92] 燕爽. 基于演化博弈的流域生态补偿模式研究 [D]. 山东财经大学，2016.

[93] 杨莉，甄霖，潘影，等. 生态系统服务供给——消费研究：黄河流域案例 [J]. 干旱区资源与环境，2012，26 (3)：131 - 138.

[94] 叶剑平，蒋妍，罗伊·普罗斯特曼，等.2005 年中国农村土地使用权调查研究——17 省调查结果及政策建议 [J]. 管理世界，2006 (7)：77 - 84.

[95] 于成学，张帅. 辽河流域跨省界断面生态补偿与博弈研究 [J]. 水土保持研究，2014 (1)：203 - 207.

[96] 于成学．辽河流域跨省界断面生态补偿共建共享帕累托改进研究[J]．干旱区资源与环境，2013，27（08）：125－130.

[97] 余渊，姚建，昝晓辉．基于成本核算方法的流域生态补偿研究[J]．环境污染与防治，2017，39（05）：559－562.

[98] 袁俊杰．城市饮用水源地保护研究［D］．东北财经大学，2016.

[99] 袁志发，周静芋，郭满才，等．决策系数——通径分析中的决策指标［J］．西北农林科技大学学报（自然科学版），2001，29（5）：131－133.

[100] 张燦婧，郑志浩，高杨．消费者对转基因食品的认知水平和接受程度——基于全国15省份城镇居民的调查与分析［J］．中国农村观察，2015（6）：47－59.

[101] 张宏志．辽宁大伙房水库受水区居民生态补偿意愿与给付研究[J]．辽宁大学，2017.

[102] 张洪雷，张雪花，明立敏．居民生活用水阶梯水价定价模型研究[J]．价格理论与实践，2014（4）：296－302.

[103] 张嘉宾．关于估价森林多种功能系统的基本原理和技术方法的探讨［J］．南京林业大学学报（自然科学版），1982（03）：5－18.

[104] 张伟娜．大伙房水库与上下游地区生态补偿机制研究［D］．辽宁师范大学，2011.

[105] 张茵，蔡运龙．条件估值法评估环境资源价值的研究进展［J］．北京大学学报（自然科学版），2005，41（2）：317－328.

[106] 张茵．自然保护区生态旅游资源的价值评估——以九寨沟自然保护区为例［D］．北京大学，2004.

[107] 张颖，张艳．生态补偿标准的制订应考虑农户的意愿——以江西省瑞昌市森林生态补偿调查为例［J］．生态经济学，2013（2）：106－109.

[108] 张志旭．河北雾灵山自然保护区森林生态系统服务功能价值评估[D]．北京林业大学，2013.

[109] 赵军，杨凯．自然资源与环境价值评估：条件估值法及应用原则探讨［J］．自然资源学报，2006，21（5）：834－843.

[110] 赵连阁，胡从枢．东阳——义乌水权交易的经济影响分析［J］．

农业经济问题，2007（4）：47－54.

［111］赵娜．大伙房水库对河流生态系统服务功能影响评价研究［D］．辽宁师范大学，2009.

［112］赵同谦，欧阳志云，郑华，等．中国森林生态系统服务功能及其价值评价［J］．自然资源报，2004，19（4）：480－491.

［113］赵永刚，郑小碧．基于参与者智力决策的产业关键共性技术创新研究［J］．科技进步与对策，2013，30（1）：59－63.

［114］赵玉，张玉，熊国保．基于随机效用理论的赣江流域生态补偿支付意愿研究［J］．长江流域资源与环境，2017，26（7）：1049－1056.

［115］赵云峰．跨区域流域生态补偿意愿及其支付行为研究——以辽河为例［D］．大连理工大学，2013.

［116］郑海霞，张陆彪．金华江流域生态服务补偿机制及其政策建议［J］．资源科学，2006，28（5）：30－35.

［117］郑海霞．中国流域生态服务补偿机制与政策研究——以四个典型流域为例［D］．中国农业科学院，2006.

［118］中国河湖大典编纂委员会．中国河湖大典（黑龙江、辽河卷）［M］．中国水利水电出版社，2014.

［119］中国生态补偿机制与政策研究课题组．中国生态补偿机制与政策研究［M］．北京：科学出版社，2007.

［120］仲艳维．潮白河流域水土保持效益评价及生态补偿制度构建研究［D］．北京林业大学，2014.

［121］周晨，李国平．流域生态补偿的支付意愿及影响因素——以南水北调中线工程受水区郑州市为例［J］．经济地理，2015，35（6）：38－46.

［122］周春应．基于ELES模型的生活水价与城镇居民承受能力研究——以江苏省为例［J］．资源科学，2010，32（2）：296－302.

［123］周金星，彭镇华，李世东．森林生态工程建设对水资源的影响［J］．世界林业研究，2002，15（6）：54－60.

［124］周学红，马建章，张伟，等．运用CVM评估濒危物种保护的经济价值及其可靠性分析——以哈尔滨市区居民对东北虎保护的支付意愿为例

[J]. 自然资源学报, 2009, 24 (2): 276 -285.

[125] 周永军. 流域污染跨界补偿机制演化机理研究 [J]. 统计与决策, 2014 (11): 46 -49.

[126] 朱家彪, 杨伟平, 粟卫民. 基于多元逐步回归与通径分析的临澧县建设用地驱动力研究 [J]. 经济地理, 2008, 28 (3): 488 -491.

[127] Albert I. J. M. van Dijk, Rodney J. K. Planted forests and water in perspective. *Forest Ecology and Management*, 2007, 251 (1 -2): 1 -9.

[128] Arrow K J, Solow R, Portney P. R. L, et. al. Report of the National Oceanic and Atmospheric Administration (NOAA) Panelon Contingent Valuation. *Federal Register*, 1993, 58: 4016 ~46141.

[129] Arrow K, Solow R, Portney P R, et al. Report of the NOAA Panel on contingent valuation [J]. *Federal Register*: 1993, 58 (10): 4601 -4644.

[130] Asafu A J. *Environmental Economics for Non - economists* [M]. Singapore: World Scientific Publishing Co Pte Led, 2000.

[131] Brookshire D S, Coursey D L. Measuring the Value of a Public Good: an Empirical Comparison of Elicitation Procedures [J]. *American Economic Review*, 1987, 77 (4): 554 -566.

[132] Brouwer R. Environmental value transfer: State of the art and future prospects [J]. *Ecological Economics*, 2000, 32: 137 -152.

[133] Calder, I. R. Forests and water - ensuring forest benefits outweigh water costs. Forest Ecology and Management. 2007, 251: 110 -120.

[134] Carson R T, Flores N E, Meade N F. Contingent Valuation: Controversies and Evidence [J]. *Environmental and Resource Economics*, 2001 (19): 173 -210.

[135] Carson R T, Mitchell R C and Hanemann W M, et al. A Contingent Valuation Study of Lost Passive Use Values Resulting from the Exxon Valdez Oil Spill [M]. Report to the Attorney General of the State of Alaska, 1992.

[136] Carson R T, MitchellR C. The Value of Clean Water: the Public's Willingness to Pay for Boatable, Fishable and Swimmable Quality Water [J]. *Water*

Resources Research, 1993 (29): 2445 -2245.

[137] Carsten D. Regulations, methods and experiences of land reclamation in German Opencast Mines. Mine Land Reclamation and Ecological Restoration for the 21 Century—Beijing International Symposium on Land Reclamation. 2000. 11 -21.

[138] Castro E, Costa Rican. Experience in the charge for hydro environmental services of the biodiversity to finance conservation and recuperation of hillside ecosystems. The International Workshop on Market Creation for Biodiversity Products and Services, OECD, Paris, 2001.

[139] Costanza R, d'Arge R, De Groot R, et al. The value of the world's ecosystem services and natural capital [J]. *Nature*, 1997, 387: 253 -260.

[140] Costanza. R. Frontiers in Ecological Economics: Transdisciplinary Essays by Robert Costanza [J]. Edward Elgar Publishing Ltd, 1997 (384): 253 -260.

[141] Coursey, D L, Hovis, JL., and Schulze, WD. The Disparity Between Willingness to Accept and Willingness to Pay Measures of Value [J]. *The Quarterly Journal of Economics*, 1987, 102 (3): 679 -690.

[142] Cuperas. J. B. Assessing Wildlife and environmental values in cost benefit analysis: state of art [J]. *Journal of Environmental Management*, 1996 (2): 8 -16.

[143] Daily G C. Nature's Services: Societal Dependence on Natural Ecosystem [M]. Washington D C: Island Press, 1997.

[144] Daily. G. *Nature's Services: Societal Dependence on Natural Ecosystems* [D]. Island Press, 1997.

[145] David P, Anil Markandya. Marginal Opportunity Cost as A Planning Concept in Natural Resource Management [J]. *The Annals of Regional Science*, 1987 (3): 18 -32.

[146] Davis R K. Recreation Planning as an Economic Problem [J]. *Natural Resources Journal*, 1963 (3): 239 -249.

[147] Denzau A -T, North D -C. Shared mental models: Ideologies and in-

stitutions [J]. *Economy*, 1993, 47 (1): 151 -162.

[148] Freeman R E. *Strategic management: a stakeholder approach* [M]. Boston: Pitman, 1984.

[149] Friedman D. Evolutionary games in economics [J]. *Econometrica*, 1991, 59 (3): 637 -666.

[150] Friedman D. On economic applications of evolutionary game [J]. *Theory Journal of Evolutionary Economics*, 1998, 8 (1): 15 -43.

[151] George V D. *The Ecosystem Concept in Natural Resource Management* [M]. New York: Academic Press, 2007.

[152] Groot R. A typology for the classification description and valuation of ecosystem functions, goods, and service [J]. *Ecological Economics*, 2002, 40: 393 -408.

[153] Hammack J, Brown G. Waterfowl and Wetlands: Toward Bioeconomic Analysis [J]. *Baltimore: Johns Hopkins University*, 1974.

[154] Hanemann W M. Valuing the Environment Through Contingent Valuation. Journal of Economic Perspectives, 1994, 8 (4): 19 -25.

[155] Hanley N, H Kirkpatrick, I Simpson, D Oglethorpe. Principles for the provision of Public Goods from Agriculture: Modeling Moorland Conservation in Scotland [J]. *Land Economics. February*, 1998, 74 (1): 102 -113.

[156] Hengjin D, Bocar K, John C, et al. A comparison of the reliability of the take - it - or - leave - it and the bidding game approaches to estimating willingness - to - pay in a rural population in West Africa [J]. *Social Science & Medicine*, 2003 (56): 2181 -2189.

[157] Horowitz J K, McConnell K E. A Review of WTA/WTP Studies [J]. *Journal of Environmental Economic and Management*, 2002, 44 (3): 426 -447.

[158] Johst K, Drechsler M, Watzold F. An ecological - economic modeling procedure to design compensation payments for the efficient spation - temporal allocation of species protection measures [J]. *Ecological Economics*, 2002 (41): 37 -9.

[159] Kahneman . D, Knetsch J L, and Thaler, R H. Experimental Tests of

the Endowment Effect and the Coase Theorem [J]. *Journal of Environmental Economic and Management*, 1990, 98 (6): 1325 - 1348.

[160] Kauppi P E, Posch M, Henttonen H M, et al. Carbon Reserviors in Peatlands and Forests in the Boreal Regions of Finland [C], Silva Fennical, 1997.

[161] Kealy M J, Montgomery M, Dovidio J F. Reliability and Predictive Validity of Contingent Values: does the Nature of the Good Matter [J]. *Journal of Environmental Eeonomies and Management*, 1990 (19): 244 - 263.

[162] Kelly J W, Miroslav H, Rosimeiry P, et al. Targeting and implementing payments for ecosystem services: Opportunities for bundling biodiversity conservation with carbon and water services in Madagascar [J], Ecological Economics, 2012, 69 (11): 2093 - 2107.

[163] Larson Joseph S. Rapid assessment of wetlands history and application to management In Match, Global Wetlands Old World and New Elsevier, 1984: 623 - 636.

[164] Loomis J B, *Walsh R G. Recreation Economic Decisions: Comparing Benefits and Costs. 2nd ed. Pennsylvania: Venture Publishing Inc* [M], 1997.

[165] Lovett A, Bateman I J. Economic analysis of environmental preferences: Progress and prospects [J]. Computer, Environment and Urban systems, 2001, 25: 131 - 139.

[166] Macmillan D C, Harley D, Morrison R. Cost - effectiveness analysis of woodland ecosystem restoration1Ecological Economics, 1998, 27: 313 - 3241.

[167] MacMillan D C. Actual and hypothetical willingness to pay for environmental outputs: Why are they different? [R]. A Report to SEERAD, 2004.

[168] Matero. J. Saastamoinen. O. In Search of Marginal Environmental Valuations - Ecosystem Services in Finnish Forest Accounting [J]. *Ecological Economics*. 2007 (1): 101 - 114.

[169] Maurizio M, Eduardo R B. Public goods and externalities linked to Mediterranean forests: economic nature and policy [J]. Land Use Policy, 2000,

17 (3): 197 – 208.

[170] Melinda Vokoun, Gregory S. Amacher, David N. Wear. Scale of harvesting by non – industrial private forestlandowners [J]. *Journal of Forest Economics*, 2006 (11): 223 – 244.

[171] Merlo M, Briales E R. Public goods and externalities linked to Mediterranean forests: Economic nature and policy. Land Use Policy, 2000, 17 (3): 197 – 208.

[172] Mitchell R C, Carson R T. Using Surveys to Value Public Goods: the Contingent Valuation Method [M]. Washington D C: Resources for the future, 1989.

[173] Moran D, Mc Vittie A, Allcroft DJ, et al. Quantifying public preferences for agri – environmental Policy in Scotland: a comparison of methods [J]. *Ecological Economies*, 2007, 63 (1): 42 – 53.

[174] Moran D, McVittie A, Allcroft DJ, et al. Quantifying Public Preferences for Agri – environmental Policy in Scotland: A Comparison of Methods [J]. *Ecological Economics*, 2007, 63 (1): 42 – 53.

[175] Murray B C, Abt R C. Estimating price compensation requirements for eco – certified forestry. Ecological Economics, 2001, 36 (1): 149 – 163.

[176] Pagiola S, Arcenas A, Platais G. Can payments for environmental services help reduce poverty? An exploration of the issues and the evidence to date from Latin America [J]. *World development*, 2005, 33 (2): 237 – 253.

[177] Pearce D W, *Turner R K. Economics of Natural Resources and the Environment* [M]. London: Harvester Wheatsheaf, 1990.

[178] Pearce, D and Turner, K. Economics of Natural Resources and the Environment [J]. *New York: Harvester Wheat sheaf*, 1990 (6): 45 – 9.

[179] Portney P R. The Contingent Valuation Debate: Why Economists Should Care [J]. Journal of Economic Perspectives, 1994, 8 (4): 3 – 15.

[180] Publishing S R. Insights into Ecological Effects of Invasive Plants on Soil Nitrogen Cycles [J]. *American Journal of Plant Sciences*, 2015 (1): 34 – 46.

[181] Raje. D. V., Dhobe. P. S., A. W. Deshpande. Consumer's willingness to pay more for municipal supplied water: A case study [J]. *Ecological Economics*, 2002, 42 (3): 391 -400.

[182] Richard T C, Robert C M, Michael H, etal. Contingent Valuation and Lost Passive Use: Damages from the Exxon Valdez Oil Spill [J]. *Environmental and Resource Economics*, 2003 (25): 257 -286.

[183] Roy B. Do stated preference methods stand the test of time? A test of the stability of contingent values and models for health risks when facing an extreme e-vent [J]. Ecological Economics, 2006 (60): 399 -406.

[184] Shogren J F, Shin SY, Hayes DJ, et al. Resolving Differences in Willingness to Pay and Willingness to Accept [J]. *American Economic Review*, 1994, 84 (1): 255 -269.

[185] Simon Z, David R L. Paying for Environmental Services: An Analysis of Participation in Costa Rica's PSA Program [J]. *World Development*, 2005, 33 (2): 255 -272.

[186] Smith VK. Non - market valuation of environmental resources: An inter-pretive appraisal [J]. Land Economics, 1993 (69): 1 -26.

[187] Stefano Pagiola, El as Ram rezb, Jos Gobbic, etal1Paying for the en-vironmental services of silvopastoral practices in Nicaragua1Ecological Economics, 2007, 64 (2): 374 -3851.

[188] Till P, Harald S, Georg W, et al. Lessons for REDD Plus: A Com-parative Analysis of the German Discourse on Forest Functions and the Global Eco-system Services Debate [J]. *Forest Policy and Economics*, 2012 (3): 4 -12.

[189] Torres A B, MacMillan D C, Skutsch M, et al. 'Yes - in - my - backyard': Spatial differences in the valuation of forest services and local co - bene-fits for carbon markets in Mexico [J]. *Regional Environmental Change*, 2013 (3): 661 -680.

[190] Troy A, Wilson M A. Mapping ecosystem services: Practical challenges and opportunities in linking GIS and value transfer [J]. *Ecological Economics*,

2006, 60: 435 –449.

[191] Venkatachalam L. The contingent valuation method: a review [J]. *Environmental Impact Assessment Review*, 2004, 24 (1): 89 – 124.

[192] Wattage P A. Targeted Literature Review: Contingent Valuation Method, Centre for the Economics and Management of Aquatic Resources Research Paper, Portsmouth: University of Portsmouth, 2001.

[193] Whittington D. Administering Contingent Valuation Surveys in Developing Countries [J]. *World Development*, 1998, 26 (1): 21 –30.

[194] Winans K S, Tardif A, Lteif A E, et al. Carbon sequestration potential and cost – benefit analysis of hybrid poplar, grain corn and hay cultivation in southern Quebec, Canada [J]. *Agroforestry Systems*, 2015 (3): 421 –433.

后　记

本著作始于蒋毓琪博士论文选题，在师生共同努力下，顺利完成。衷心感谢沈阳农业大学管理学院各位领导和老师们的帮助和指导。

流域森林生态补偿问题一直是学术界研究热点。“是否可以通过提升居民基础水价作为流域森林生态补偿方式?”这一观点在2016年引起了我们的重新思考，经过查阅大量文献发现，研究思路与中国科学院李文华院士的观点高度契合。提升水价作为补偿方式不仅扩宽了补偿渠道，还丰富了补偿资金来源并提高了补偿标准。

本项目得到国家林业和草原局经济研究中心的刘璨研究员、刘浩博士的多次指导。在北京、沈阳，两位老师多次与项目组成员进行讨论，并提出了非常诚恳与深入的建议。刘璨研究员对本项目所涉及上游林农的受偿意愿采用WTA进行测算持肯定态度，认为该方法是目前国内外能够合理测度受访者受偿意愿的有效技术手段。

同时，衷心感谢中国科学院地理科学与资源研究所的谢高地老师，作者在参加中国自然资源学会2015年学术年会与谢老师交流，他耐心地指出国内外学者对生态服务价值关注的前沿和测算方法。特别是借助地理信息系统(GIS)动态地测算生态服务的外溢价值的思路得到了谢老师的鼓励和赞同，也为本著作中流域上游向下游空间流转的森林生态服务价值测算奠定了基础。

此外，在本书稿整理过程中，中国财政经济出版社的编辑老师提出了许多真知灼见，使得书稿更加精炼，在此一并感谢。

当然，作为国内流域生态补偿方面的一部探索新研究专著，肯定存在不少需要进一步改进与完善之处。由于时间仓促，有些问题还有待深入探究，真诚期望得到国内外专家、学者的批评和帮助。

蒋毓琪、陈珂

2018年9月